U0048466

超級領導者必學的
團隊激勵升級密技

帶心術

吳斯茜——著

推薦序

發揮愛語力

有組織就有管理，一個用「金剛持」、「慈悲念」的領導人，能夠創造融合與團結，給人希望、給人信心、給人成功、給人幸福，這是打造卓越組織的良方，所以佛經鼓勵說「愛語」。

科技日新月異，外在競爭環境變化迅速，我們無法阻止改變，但可以在變中追求更好，提高組織的敏捷性。多數的組織都面臨著吸引優秀人才、提升敬業度、避免人才流失……等挑戰。本書提出的解決方案是由領導人負起激勵的責任，運用嶄新的觀念與技巧對待團隊，真正理解人力資源的價值，以及更有效地把價值激發出來。書中提出許多實例故事與研究成果，可以擴展領導的思維，具體作法作者建議包括：一、發現內在真實，二、對未來有信心，三、賦予工作意義，及四、喚起感恩的心。這些不一定需要花錢，但需要發自內心的善意，願意成就他人，增進彼此在工作中成長與蛻變的機會。

思維帶動創新，合作帶來活力，愛語帶來激勵，祝福讀者成為擅長說愛語的人。

蘇志強
中央警察大學副校長

CONTENTS

【四大密技】如何展現激勵行爲

引言

工作設計簡史

達特茅斯大學商學院教授席尼・芬克斯坦（Sydney Finkelstein）請我們想像自己處在一個工作有意義的美好世界裡：老闆肯幫助我們蛻變、成長，改變我們的一生，點亮我們的光芒，且身邊的機會多到無法想像。

這樣的世界確實存在，但這種老闆卻非普通人，芬克斯坦稱為「超級老闆」。在《無法測量的領導藝術》（*SUPERBOSSES: How Exceptional Leaders Master the Flow of Talent*）書中他查訪了真人真事：超級老闆不只本身的成就斐然，且懂得辨識和栽培明日之星；子弟兵往往舉足輕重，幾乎都是產業中的重要人物，可以決定產業的未來；若能夠被超級老闆調教，等於登上了職涯的火箭發射台。[1]

但一般人是否無緣進入這樣的世界？還有，為什麼我們會這樣想呢？

史華斯摩爾學院的心理學教授貝瑞・史瓦茲（Barry Schwartz）回答了第二題，他說這不是我們的錯，是工作的根本假設出現問題，以致於大家活在工作沒有意義的世界中，也不覺得有什麼問題。在《我們為何工作》（*Why We Work*）這書中他帶我們省思：為什麼絕大多數的人都不滿意自己的工作呢？好工作怎麼形成？好工作怎麼衰敗的？追根究柢的結果要歸咎於現代經濟學創始者——亞當・史密斯（Adam Smith，一七二三至一七九〇年）的學說。他認定人類天性自私，傾向輕鬆安逸，所以如果要讓人們每天早出晚歸地工作，老闆就得拿出一些誘因來；十八世紀當時工業革命的背景，最大的誘因無非就是賺錢，同時主張採用分工來提高生產力。[2]

千萬不要低估思想家的影響力，泰勒（Frederick W. Taylor，一八五六至一九一五年）把亞當・史密斯的思想發揚光大。為了提升生產力，確保系統以最佳化運作為原則，泰勒鑽研任務分工概念，最具代表性的是「時間動作研究」（time-motion study）。管理人員會配備碼錶，在工廠四處走動，雖然要付出人性的代價，但泰勒並不介意，因為他最感興趣的是技術、不是人，再搭配薪資獎勵有遵照指示的員工……這一整套的「科學管理」便塑造出了二十世紀職場工作的原型。[3] 此後，對勞、雇雙方而言，只要有適當薪酬，就無需考慮其他的工作誘因；基於這樣的信念，賺錢成為人們普遍認為是工作最主要或唯一的理由。當金錢信念滲入工作心態中，職場可能也沒有必要設計成讓工作有意義的環境。然後人們習以為常，僅求能養家糊口即可。

科學管理時期將注意力放在生產系統上，福特汽車是當時的標竿。創辦人亨利・福特（Henry Ford）從小就喜歡拆解機械，親友們經常會拿壞掉的錶讓他修理，但其實他的夢想是打造一台四輪車。一九〇三年成立福特汽車時，尚需採購各種零件，且倚靠人工組裝；但若想達到人人買車的狀態，首先得讓整車的零件足以自給自足，其次再解決組裝問題。二十世紀初期的美國有七千多家四輪車製造商，皆是以手工、少量製作生產為主，光是製作車輪的木材就得考慮選用哪個樹種、什麼時間砍伐和如何乾燥等細節，這些製程員工得從頭到尾參與。

福特本人否認受到科學管理的影響，他只是希望車廠可以像鐘錶一樣，每個齒輪環環相扣，所以汽車裝配線依照時間動作研究的結果進行工作設計（job design），一輛T型車被分為七千八百八十二個製造項目，這套生產系統讓福特汽車得以大規模生產；本來一台車生產需要耗時十二小時，最後竟可以縮減到九十三分鐘，完全制霸市場。如果參觀車廠，他一定會這樣介紹：「負責放零件的人不鎖零件，放螺栓的不放螺帽，放螺帽的不負責鎖緊。廠內所有事情都會移動。」[4]

雖然貫徹分工思維，且讓員工各司其職，但卻如機械般重複性地、單調地工作，加上管理階層的監督令人沮喪難耐，當時車廠員工曾抱怨說：「如果我繼續鎖86號螺絲八十六天，我會變成龐帝克瘋人院的86號螺絲」[5]。這些快發瘋的螺絲釘員工，讓車廠承受著超高的流動率，衝擊到裝配線的生產效能。不過福特對於金錢激勵非常有信心，一九一四年宣布調薪政策，將每日工資加到五美元，記者聽到驚呆了，因為當時鋼鐵工人每日的工資約一．七五美元；不只如此，還調降工時，每日從九小時降至八小時，效果立竿見影，瞬間吸引大量人潮前來應徵。以高地公園廠（Highland Park）為例，一九一三年的員工流動率平均百分之三十一．九（等於產線有三分之一的員工要互相幫補）；工資調高後，一九一五年該廠流動率驟降至平均百分之一．四。

除了客觀數據支持外，車廠員工還把公司的徽章別在衣服上，讓別人知道他們在福特公司上班。此外，福特頗自豪於改善員工生活，例如改變愛爾蘭廠新進員工太太的打扮，剛開始她們為老公送午餐時，會在頭上綁條圍巾；過幾個星期換成帽子，再過陣子便穿上洋裝。調薪政策背後，公司其實打了個如意算盤，就是讓員工成為公司最好的顧客，鼓勵他們下班後可以開車帶全家人去兜風，令太太和家人心滿意足。[6]福特T型車總計賣出一千五百萬輛，剛推出時一台售價相當於二萬四千美元，一九二七年停產前已經降價至不到四千美元了，可見生產系統效率提升的速度之快。

各家公司紛紛跟進福特汽車的調薪制，形成一股社會的重要驅力，工業生產體系的效率讓物品更大量、多樣化；加上民眾薪資普遍提升，一批中產階級興起，造就了資本主義的經濟起飛。在此之前，人們購物不會隨意逛逛，就是進入一間只賣單一種商品的店鋪：鞋店只賣鞋，還不能不買，價錢也不可再議，這是以「需要」為中心的購物型態。少女想盛裝參加貴族舉辦的舞會，不可能跑去百貨公司血拼，因為那時百貨公司還沒誕生。那是一個屬於技藝工匠的美好年代，鞋匠師傅看到顧客腳上穿著自己手工製作的鞋子，在村裡趴趴走，心中會充滿工作帶來的責任感與滿足感。

百貨公司的出現正是因應工業化的快速生產，銷售產品成為新挑戰，同時發現廣告跟展示對業績有著關鍵作用，行銷人才開始大顯身手。現在，人們到百貨公司裡可以只是逛逛、沒有明確購物的動機，儘管回到家，手裡卻已提著好幾袋原本沒打算要購買的東西，這是以「慾求」為中心的購物，由消費者永遠的不滿足所驅動；至於「炫耀性消費」就更複雜了，散發著多重的訊息，滿足精英階層想表達地位象徵的心態，這是行銷人才的重要戰場。[7]

另一方面，休閒生活也發生了劇烈變化。過去人們不工作的閒暇時間就是好好休息，現在閒暇卻脫離不了消費行為。當社會建立起消費文化，物質主義讓百業興旺，各國的GDP成績單說明了經濟成長；但消耗大量地球資源的經濟成長模式，由過量製造、刺激消費、物滿為患所拼出來的經濟，實在需要懸崖勒馬。據說太空人從浩瀚無垠的宇宙回望，總是驚嘆這顆藍色絕美的星球。或許不久的將來，太空旅遊就可以成行了。以前沒有光害，人們在夜晚就能仰望滿天星斗的壯麗，此刻怎能不對地球人的身分謙卑呢？

科學管理所強調的工作效率與精準影響深遠，有一個想像我覺得最有創意，如果泰勒來到了二十一世紀打算巡視美軍基地「反恐主義裝配線」，眼中的場景一定會令他備感欣慰：[8]

所有動作都不會減損在戰場上執行勤務的能力，直升機和其他空中資產會持續飛行到不再需要執行勤務的最後一分鐘，而且它們還能先調整好狀態衝入戰場廝殺，幾小時後又馬上飛回美國本土；駕駛員會流暢地從一個駕駛艙換到另一個，部隊的武器與個人裝備會準確地成排放在介於寢室和任務出發點的走道上，好讓他們在接到通知布達後的一時半刻內整裝待命，並清出一塊公用地區以利部隊隨時聽候更新。

反恐議題已經超出本書的範圍了，所以讓我們回到工作職場來理解二十世紀中期以後的變化。由於產業發展日趨複雜化，工作本質從工業時代以來即發生根本性的改變，組織運作不僅僅是勞動分工結構，還有大量的資訊分配與處理的問題，且因涉及組織的認知結構，單靠薪資報酬已不足以支撐工作動機，對員工的心智有更高需求，於是研究者開始重視員工的心理層面。例如：理查・哈克曼（Richard Hackman）與格雷格・奧爾德姆（Greg Oldham）提出「工作特性模式」（job characteristic model）：即讓工作具備技能多樣性、任務完整性、任務重要性、任務自主性、工作回饋性等五個特性。如果設計得宜，可望為組織帶來員工的高工作動機、高滿足感、高績效與低怠工、低離職率等效益。[9]

當然現在的員工不可能僅滿足當顆螺絲釘了，優秀人才也無法單靠物質誘因吸引，因此人力資源的價值不可同日而語。流程教父——吉爾里・郎姆勒（Geary A. Rummler）說：「**把充滿動機、受過良好訓練的員工丟進糟糕的系統裡，只會讓他們被系統活活吞噬掉。**」奧羅爾羅伯茨大學管理學教授大衛・博柯斯（David Burkus）也在《別用你知道的方式管理員工》（*Under New Management: How Leading Organizations Like Netflix, Whole Foods, and Zappos Have Upended Business as Usual*）中疾呼，組織必須要設計一套以員工為中心、獲取最高「心智能量」的生產力制度，因為我們正在打的不是人才戰爭，而是「人才逼走戰」。[10]

時代變遷中的經濟轉型、數位革命、全球化……等，皆讓職場形貌大不同，「如何驅動工作動機」再次挑戰著工作設計理論。

關係式工作設計

讓我換個說法，物理學家西薩．希達戈（César Hidalgo）挑戰經濟成長之謎，抽絲剝繭資訊的本質，提出「想像力結晶化」（crystallized imagination）的概念，在《資訊裂變》（*Why Information Grows: The Evolution of Order, from Atoms to Economies*）書中用兩種蘋果來解釋這個概念：[11]

一種是長在樹上，可以吃的蘋果，一種是矽谷蘋果公司設計出來的3C產品，兩者都能夠拿來交易；差別是吃的蘋果先存在於我們的世界，蘋果產品則是先存在於人的腦袋，才存在於世界，所以，矽谷蘋果是想像力的結晶。

希達戈進一步釐清財富與經濟發展的差異。他認為，經濟發展不是指有能力消費，而是有能力將想像力結晶化，提高經濟的複雜性，但其中最大的限制是「處理資訊的人」，因為「資訊可以輕易在包含它的產品裡四處移動，知識和要領則是受困在人的身體和這些人組成的網絡中。」至於個人與團隊的差異，就好比樂手和樂團的差異，樂團演奏的複雜性比單一樂手高，需要經常在一起練習、組成網絡，過程中會提高人際連結成本，同時也可能形成阻礙。當知識和要領能在團隊中累積並串連、交織成一張網絡時，便可締造出更大的成果。

但願「矽谷蘋果」概念對你有所啟發。此外，這裡有兩個組織競爭力的重點，一是吸引人才將持續成為優先事項，二是團隊人際連結的果效更具爆發力。喬治梅森大學經濟學教授泰勒・柯文（Tyler Cowen）指出，矽谷創投業除了對投資計畫有準確的直覺外，大部分工作其實是人才評估，幫忙找出最適合的員工、董事會成員及商業人脈，所以不只是錢的問題而已，唯有成功地將人連結匯聚在一起，投資才有機會豐收。[12]

只是昔日奏效的工作誘因已不太管用了，有觀察家認為，目前職場上的工作者因為出生在不虞匱乏的世界，或稱之為「不飢渴世代」，這個世代認為沒有必要為了金錢、物質而努力工作，反而更加重視「擁有讓自己努力的意義」、「良好的人際關係」以及「全心的投入」。[13] 此外，現在的員工都不太喜歡被指正或說教，正向激勵的勝算可能會更大。如果將時間再推遠一點，例如對《2062：人工智慧創造的世界》（*2062: The World that AI*）的作者托比・沃爾許（Toby Walsh）來說，想像的職場充滿自動化機器人和AI同事，它們熱愛工作，老闆也愛它們，如此就不用花力氣討論人類的工作動機了。但在此之前，我們仍然跟有七情六慾的人類同事為伍。老闆們當然有重要任務，但本書卻要把任務交付給團隊的領導人，而不是組織裡的大頭們，為什麼呢？

馬克斯・巴金漢（Marcus Buckingham）和艾希利・古德（Ashley Goodall）合著的《關於工作的九大謊言》（*Nine Lies About Work: A Freethinking Leader's Guide to the Real World by The Evolution of Order, from Atoms to Economies.*）指出職場的頭號謊言：「人們在意他們為哪家公司工作」。事實上，「團隊」才是員工真正在意的，因為即使處於相同的組織，員工也會有截然不同的工作體驗。工作上所謂的成功來自兩個方面：能夠成為「最好的我們」（Best of We）和「最好的我」（Best of Me）。頂尖的團隊領導人可以滿足成員對這兩類體驗的需求，書中建議公司最重要的決策是──「挑選好的團隊領導人」。[14] 換言之，員工最關切自己歸屬於什麼樣的團隊，跟哪些人一起工作；如果會產生想要調職或離職的念頭，通常是基於團隊的因素，而不是組織因素。團隊才是影響每天工作生活品質的關鍵，團隊裡的每個成員都可以促成彼此成為最好或最糟的人，這也代表激勵行為不必等到你躍上組織的金字塔頂端再做。

從簡要概述的工作設計理論演變可以理解，在二十一世紀，職場必須有不同的工作動機思維，我看好的是「關係式工作設計理論」（relational job design）。華頓商學院教授亞當・格蘭特（Adam Grant）主張，員工會被改變他人生命的想法所激勵，甚至投入某組織只因它的宣言是想要改變世界，讓世界變得更美好，但這類工作動機卻長期被忽略。更甚者，即使有良善動機卻不一定有動力，所以有工作動機還需要有充電機制。[15]

格蘭特一項知名實驗是大學的電話募款，工作人員若向校友募款以提供學生獎學金，通常有九成的拒絕率，導致工作人員對此工作充滿倦怠感。於是，他請員工閱讀一封學生的感謝函，五分鐘不到就可閱讀完的信，竟使大家工作變得更加有勁，募款業績大幅提升。進一步實驗，讓二十三位員工跟獎學金資助的學生本人見面、互動五分鐘，業績也比其他員工更為出色——感恩的激勵具有強大的充電效果。不過，他附帶提醒，若改由管理者出面轉達，激勵效果就會大打折扣。

電話募款研究的結論是：請務必讓員工親自看看自己發揮出來的影響力。下面這封雖不是感謝函，卻也具有鼓舞的力量：[16]

你好，我的名字是雅各。我今年十歲，住在明尼蘇達州。我查過地圖，找到了你的家鄉吉佳利（Kigali）。我放了一些東西在這個背包裡，當我放這些東西的時候，我心裡一直想著你。我希望你喜歡這些禮物，並且有美好的一天。

你在美國的新朋友

雅各

這是教育心理學家蜜雪兒・玻芭（Michele Borba）到非洲盧安達一所聾啞育幼院發送背包，裡面裝了文具、記事本、一些糖果和一封來自美國小孩寫的親筆信，院童們都非常開心收到禮物。她見到有位男孩把背包裡的東西拿出來一一擺好，然後小心翼翼地展開上面這封信，讀了好幾遍後，他用手把信壓在胸口，緊緊捏著信開始哭泣，用手語對她比出「愛」這個字。

維吉尼亞大學心理學系教授強納森・海德特（Jonathan Haidt）坦承在撰寫《象與騎象人》（*The Happiness Hypothesis*）這本書時，認為快樂來自內心，要專注改變內在，而非外在環境；但是後來他的想法卻改變了；他的結論是快樂來自於「關係」，自己和自己、和工作、和他人、和大於自身事物的關係。海德特認為人類最大的喜悅是超越自利，成為「只是整體的一小部分」。他在TED演講中動人地解釋了這種個人升華（self-transcendence）的狂喜，[17] 也讓我想到電影《奇異博士》（*Dr. Strange*）中的重要一幕：古一法師臨終前對男主角啟示生命的意義「It's not about you!」，讓男主角意識到自己的責任，正是成就大我。職場工作為何不如此召喚呢？

點石成金

芬克斯坦教授研究了多位超級老闆後，回到自己的工作崗位，開始思考怎麼把工作的美好世界放大？如果不是鳳毛麟角，有可能嗎？芬克斯坦做出的行為改變之一，就是「激勵」，他決定在企管碩士的課程裡，不只給予學生課業上的挑戰，也當面鼓勵他們是「獲選之人」，將來有希望能成為超級老闆。

公、私部門的組織生態如何讓人才蓬勃發展，都是值得關注的議題，尤其公部門習慣以訓練的方式來發展公務員，但「721法則」對訓練的功效有著不同看法。「721法則」主張，促使員工快速成長、脫胎換骨的因素，百分之七十歸功於工作經驗，百分之二十是遇到貴人（或師徒制），只有百分之十是透過訓練；然而有學者認爲該法則沒有嚴謹的證據。被喻爲企業界哈佛的奇異集團（GE）克頓維爾管理學院（GE Crotonville），卻成功地把三個要素整合在一起，讓員工勇於接受工作挑戰，完善工作歷練；也將主管打造成爲貴人般，指點和激勵有潛力的員工。因爲調查發現，主管成爲貴人的比例最高，除了派員工去受訓外，平時他們手中就握有讓員工跳躍式成長的資源條件。該學院的成功關鍵：包括讓奇異的高階主管擔任訓練講師，分享實戰經驗，並重視領導人的教練（coaching）能力。奇異評估一個領導人，會考量其是否能夠幫助其他人發展，因爲奇異的領導哲學是「我們共同提升」（We all rise）。[18]

奇異集團在前執行長傑克．威爾許（Jack Welch）任內推出一項績效評估制度，強迫淘汰年度績效墊底的百分之十員工。這個制度曾風行過一陣子，如今已漸漸被淘汰了，因為副作用太大，員工為求自保往往只願訂出低標，更彼此明爭暗鬥，衝擊團隊工作氣氛。當初的概念是「人才管理」，現在則轉變為「成長管理」，考量團隊成員有著不同的成長軌跡，有些人正處於陡峭的快速成長軌跡，對工作充滿企圖心，可被視為超級明星；有的則是和緩穩定，精通工作細節，滿足現況職務而不追求升遷，可算是磐石明星。但最重要的是，千萬別讓超級明星去接手磐石明星性質的工作，會悶死他們的；反之，太有挑戰性的任務可能會搞死磐石明星。[19]

本書基於多重用意，雖然目前管理學書籍所列出的領導核心職能中，激勵的能力不一定會進榜，但期許能改變它，號召團隊領導人進一步認識並展現激勵的行動。大腦在作決策的過程，可以將它假想成是一台「價值計算機」，我們會評估這對自己有沒有價值或重不重要，然後做出選擇，對於自己重要的人或事，才有機會被列入考量與處理。尤其不愛「跨期選擇」：對眼前有利的，大腦才會感興趣，未來的以後再說，好節省大腦資源。但願本書能成功滲透領導人的大腦，提高對激勵的價值評估，把團隊激勵放入每日的工作清單裡，說不定有些善意種子會在未來長成大樹。

本書結構分為兩個部分，第一基本設定要先認識激勵的益處，分為激勵的力量、領導的日常與激勵的社交；第二是如何展現激勵行為，藉由四個升級密技，包括發現內在真實、對未來有信心、賦予工作意義與喚起感恩的心，但這些做法的背後要有一份對美的追求。德文裡「美麗的 schön」這個字源自於「shauen」，意思是以充滿愛的眼光去觀看。[20] 所以，想成功激勵一個人，就要懂得欣賞對方，或者說團隊領導人要培養、具備這樣的美學素養。

據說美國納瓦霍（Navajo）原住民族的族訓是「人類的最終使命是創造出『美』，並在美的圍繞下，度過每一天。」如果上班可以在美的圍繞下度過，一定很棒。《美，靈魂的禮物》（*Beauty and the Soul: The Extraordinary Power of Everyday Beauty to Heal Your Life*）作者兼心理治療師的皮耶洛・費魯奇（Piero

Ferrucci）認為，我們往往暗地裡對人品頭論足、輕易地挑剔批評，想從中得到優越感。因此若想看到某人的內在美，通常需要時間、耐心、信任，以及願意去看的那份心意。[21] 能不能「認出」是關鍵，當一個人的內在美被認出來，一切就會改觀。

此外，我也受到提姆．拉伯瑞克（Tim Leberecht）《浪漫企業家，新一波經濟革命》（*The Business Romantic: Give Everything, Quantify Nothing, and Create Something Greater Than Yourself*）一書的感召，浪漫企業家懂得欣賞工作中所有努力過程蘊藏的美，將「慷慨」視為預設機制，而且要過度慷慨，因為情感的投資永遠不可能完全耗盡。[22] 如果團隊領導人多用一些慷慨在激勵行為上，欣賞每個人所散發的美，說不定就能點石成金，讓工作充滿意義的世界真正實現。

【基本設定】

認識激勵的益處

第1章

激勵的力量

我們在工作上的付出通常不會產生長久存在的物質成果，因為我們的努力總是稀釋於龐大而抽象的集體計畫中，以致我們常常納悶：自己過去一年來到底做了什麼事。更深刻的問題是，我們究竟達到了什麼成就，成為了什麼樣的人。我們在退休宴會的感傷情緒中，總是不免必須面對自己虛擲了一生精力的遺憾。

——艾倫．狄波頓（Alain de Botton）

《工作！工作！影響我們生命的重要風景》

組織的能源危機

想像你參與一份問卷調查，上面把主管和同事的名字列出來，然後一一詢問對方是否讓你感覺到「喪失活力」、「沒影響」、「更有活力」等。你可能也會開始好奇自己在別人的問卷裡會得到幾分。這個簡單的測量來自組織社交網絡專家羅伯・克魯斯（Rob Cross）和安德魯・帕克（Andrew Parker）的研究。結果發現這個項目是很好的預測指標，得分高的激勵人心者。其績效表現與升遷都會獲得良好成效，而且在成功的團隊裡充滿了彼此互助的激勵者。該研究還發現，他們大多低調害羞，並不是外向熱情的派對動物。[1]《海星與蜘蛛》（*The Starfish and the Spider: The Unstoppable Power of Leaderless Organizations*）的作者歐瑞・布萊夫曼（Ori Brafman）與羅德．貝克斯壯（Rod A. Beckstrom）稱這些人爲「催化者」，寫書期間接觸過幾位，但無人具備搖滾明星特質，助人之心是驅動催化者與其他人連結的燃料。[2] 他們可以說是組織裡的快速充電器，大家渴望上班時遇見他們；相反的，有些令人戒愼恐懼、敬而遠之，好似什麼事都可以嫌，如果組織裡有這種人而且還位居要職的話，那會是很嚴重的能源危機。

據說到丹麥哥本哈根一定要做的兩件事：「逛 Hay」與「吃 Noma」。後者是指諾瑪餐廳，它堅持使用在地食材，爲北歐料理賦予高辨識度的意涵。二〇一〇年它獲選爲全球最佳餐廳，其創辦人兼主廚的雷奈．瑞哲皮（René Redzepi）和員工宛如家人，於是決定帶著全體員工一起前往倫敦領獎，包括洗碗工阿里．桑可（Ali Sonko）。儘管出發前，生於甘比亞的桑可發現沒有簽證無法入境英國，大家仍在台上穿著印有桑可照片的 T 恤領獎。二〇一二年諾瑪餐廳連續第三年獲獎，這次有桑可同行，還代表全體發表感言。[3] 這是「激勵」的絕佳表現！難怪丹麥的幸福文化「hygge」會席捲全球。二〇一七年二月瑞哲皮決定停業，重新修行料理哲學，並籌備升級版的餐廳，二〇一八年Noma 2.0已誕生，但它仍被譽爲是全世界最難訂的餐廳。

另一個類似桑可的故事亦被廣爲流傳。一九六一年甘迺迪（John F. Kennedy）當選美國總統，在他就職演說時留下一句名言：「**不要問國家可以爲你做什麼，要問自己可以爲國家做什麼。**」甘迺迪提出登月計畫，希望十年內改變美蘇太空競賽落後的頹勢。據傳他在前往NASA視察時遇到一位清潔工，他問對方在忙些什麼事，清潔工回答：協助把人送上月球。這則軼事被詮釋爲使命感的重要，無論工作是否低階或瑣碎，都能爲整體作出一己貢獻。

爲了取得民意支持燒錢的登月計畫，一九六二年九月甘迺迪總統前往萊斯大學（Rice University）足球場發表演說，花費了十七分又四十秒，恰好符合TED

十八分鐘演講規則。據說他一講完，歡聲雷動，連附近動物園裡的獅子、長頸鹿和企鵝都聽得到。倫敦大學學院認知神經科學教授塔莉・沙羅特（Tali Sharot）解釋當時觀衆們的大腦被「同步化」（synchronized）了，這場演說成功引爆熱情，在這位頗具魅力的總統激昂情緒帶領下，衆人聚精會神，於是大腦神經迴路產生相同一致的反應，這樣的同步化會創造出經驗和觀點的相似性，促成有效的溝通。[4] 他在這次足球場演說中留下一句名言：「**爲什麼選擇登月挑戰，不是因爲它很容易，而是因爲它很困難。**」

第一線員工的情緒

二〇一三年十月，蘋果執行長提姆．庫克（Tim Cook）挖角英國精品 Burberry 的執行長安琪拉．亞倫德（Angela Ahrendts）擔任零售部門執行副總裁。亞倫德戰功彪炳，成功地讓超過一百五十歲的 Burberry 老店重生。這項人事布局引發科技界的好奇，她的拿手策略是為蘋果產品注入時尚思維，並重新為實體門市定位。當然，公司給的回報也很豐厚，二〇一七年揭露出她的總薪酬是二千四百二十一萬美金，約是庫克的二倍。

亞倫德極度推崇「在場」（be present）的重要性，總馬不停蹄到各地聆聽員工的意見。她寫給女兒的公開信，強調專注當下是給別人最好的禮物。據說她每週發一封個人訊息給六萬名零售部門的員工，希望員工在接觸顧客時，能將自己視為品牌形象大使。員工對她的溫暖、善意、真誠給予很高的評價。外界曾看好她能成為庫克的接班人，但她於二〇一九年離職了，外界解讀為蘋果要修正精品化的策略。[5]

零售部門是最接近顧客的第一線員工，也是顧客體驗的關鍵要角。此部門的員工可在招募階段便挑選出來，挑人的規則被稱為「微笑測試」，但挑選的地方不是在面試現場，而是觀察應徵者在休息等候時，臉上有沒有帶著微笑，有笑臉者可能個性上比較隨和友善等。[6]另外也有一種更好的方式，例如英國某家銀行會衡量客服與顧客的互動，分為「新人」、「開始上手」、「普通熟練」、「熟練」、「專家」等級。新人等級的客服人員容易分心或忽略顧客感受，而草草了事；專家等級的客服人員則可以跟顧客建立良好關係。[7]

銷售訓練的權威——大衛．霍菲爾德（David Hoffeld）認為，精通買家情緒狀態是銷售員的重大任務，交流過程中要與買家「有來有往」。在《銷售的科學》（*The Science of Selling Proven Strategies to Make Your Pitch, Influence Decisions, and Close the Deal*）書中，他建議銷售人員應監測、辨識與改變潛在顧客的情緒狀態，否則一味地提供資訊內容，或口條不錯，卻未留意顧客的非語言訊號透露出的情緒線索，便不能算是好的銷售人員。厲害的銷售人員會利用情緒感染，除了笑臉迎人、講話音調具抑揚頓挫（不能太浮誇），以及透過肢體語言散發出友好訊號外，還能帶出引起正向情緒的話題，例如了解潛在顧客的興趣，傾聽他們在提到什麼事情會表現得比較興奮，進而投其所好。[8] 這些改變情緒的技巧不只適用於銷售，對團隊領導展現激勵也很實用，領導都會希望自己講的話語，團隊成員願意埋單。

第一線員工是重要的市場情報來源，但多數組織採取科層結構設計，亦即員工必須逐級上報，等候管理階層的指示。因此，第一線員工往往自認人微言輕，不願意建言，以致於組織經常流失重要的情報。《讓員工敢做決定》（*Judgement on the*

Front Line）作者克里斯・迪羅斯（Chris DeRose）和諾爾・提區（Noel M. Tichy）稱第一線員工是「最富創意及創新想法的未開發領域」。[9]事實上，當組織開始減少控制，善用第一線員工的決策能力，不再視他們為低階技能的普通員工，就是解放熱情、擁抱人性的時候了。

然而，我們對科層體制太習以為常了，倡議組織革命的蓋瑞・哈默爾（Gary Hamel）和米凱爾・薩尼尼（Michele Zanini）提醒大家需注意職場的惡果，科層體制儼然已普遍造成員工對工作失去意義與創造力，故不該再默默忍受，應推動組織朝向「人本體制」（Humanocracy）。科層組織的問題包括：①階層分明、短視近利；②拘泥形式、策重遲緩；③專業化、畫地自限。對科層體制而言，核心的思考問題是「我們要如何讓人改善對組織的服務？」反觀人本體制的組織得問：「什麼樣的組織能激發並值得人類貢獻最好的表現？」顯然組織結構的假設天差地遠。有鑑於科層體制會吞噬掉人性，甚至或多或少把我們變成了混蛋，他們建議得趁早戒除，否則後患無窮。[10]如果身處在標準的科層組織內，可以考慮加快人本體制的轉型。

提出「量子管理學」（Quantum Management）的學者丹娜．左哈爾（Danah Zohar），從物理學的量子世界觀和牛頓世界觀來解釋新、舊組織的運作差異。牛頓型組織代表科學化的管理，是會讓組織陷入分裂、控制，與以部門為主的本位主義；而左哈爾倡議的「量子組織」，係用融合思維，讓員工自我負責、創造自己，由下而上匯集眾人力量，打造未來的可能性；所以量子物理學與領導力並不違和。舉企業顧問的經驗為例，顧問往往會驚訝於：工友或清潔人員居然對於一般人認為無關緊要而忽略的專業知識，有著非常深刻的了解，至於祕書的理解力和對決策的影響程度更不用說了。[11]

一般大眾也會從第一線員工來判斷這家公司。如果希望顧客對公司有好感，就要善待第一線員工，讓他們願意投入工作並同心協力，開心的顧客甚至會成為高忠誠度的「鐵粉」。而由內部員工滿意到外部顧客滿意的利潤創造過程，稱之為「服務—利潤鏈」（service-profit chain）。成功應用「服務—利潤鏈」的企業，主管們會關心員工，展現高度傾聽員工的意願與能力，也肯花很多時間挑選、追蹤和表揚績優員工。[12] 但常見的每月最佳員工獎，可能僅流於形式；如果採業績取向或以輪流方式，極可能無法產生持久的激勵效果。

美國巴瑞魏米勒集團（Barry-Wehmiller）的作法不同，他們獎勵帶來正向影響的員工：由員工們提名，公司會寫信給被提名員工的家人，讓家人知道這個員工在上班時間裡面做了什麼很棒的事情。可能有超過五十位提名，最後勝出的員工名單先保密，但公司暗中連絡得獎人的親友到場觀禮，活動當天停工，屆時再公布得獎人並宣讀同事們的提名事蹟。得獎的員工會領到一支雪佛蘭跑車（Chevy SSR）鑰匙，外型非常拉風，可以開著它奔馳一個星期，所以這個獎稱為「SSR獎」，點子來自執行長鮑伯・查普曼（Bob Chapman）。二〇〇五年他把自己的黃色雪佛蘭敞篷跑車交給某工廠當獎利，去激勵做好事的員工，現在已有好幾輛跑車賞賜給各地得獎的員工。如此作法可激勵員工找機會為其他人做一件好事。

查普曼的領導哲學是「真正人性化的領導」（truly human leadership）。早期組織文化並非如此，集團在不斷購併且壯大的過程中，他逐漸意識到員工的重要性大於一切，決定要像對待家人般展現真心關懷。收購新公司後不會大舉裁員、美化財務報表，而是讓他們融入組織文化。為了見識何謂「真正人性化領導」，以下舉運作指南的前三項為例：

1. 每天一開始就要把重心放在你接觸的員工生活上。
2. 明白領導意味著導航，你要為交託到你手上的生命導航。
3. 你的領導措施要能讓員工每天平安、健康，帶著成就感回家。

有個員工太太告訴查普曼，先生以前下班回家心情很差，就會去踢狗、然後狗就去咬貓……但現在先生是快快樂樂、心滿意足的回家。[13]

頂尖人才要的激勵

巴瑞魏米勒組織文化光譜的另一端，媒體霸主、線上影音串流服務先驅的網飛（Netflix），其創辦人兼執行長里德・海斯汀（Reed Hastings）就明講：「我們不是一家人」，強調自由與責任的組織文化。幫忙打天下的「人才長」（chief talent officer）珮蒂・麥寇德（Patty McCord），在任內十四年間推出震撼業界的作法，其中一項是取消年度考績制度。打考績的程序太繁瑣、很浪費時間，尤其是得到年終才得以跟員工談表現好不好或對此人加以評等，根本無實益；再者，網飛的薪資已經是業界頂尖水準，所以廢除了這項制度，改爲卽時對員工績效表現的回饋與指導，就像球隊打完比賽立卽作檢討般。目前多數組織難以想像沒有實施年度績效考核制度的作法，但未來如何轉變很難確定，學者評估這作法似有可能成爲管理新趨勢。

一般公司會祭出多樣化的福利，雖然員工的滿意度高，卻不一定能夠轉換成高工作績效。麥寇德認爲好工作並不是指福利好，而是提供了「人才密度」（talent density）和「令人心動的挑戰」（appealing challenges），讓網飛的員工心裡產生一種「天哪，這很困難，我要來做這個！」的想法。[14] 重視原創內容的網飛，爲了讓公司保持敏捷性，像職業球隊般追求高績效而不斷重組團隊：要求人資部門充分理解營運策略，也要求主管成爲傑出的團隊建立者，以招募適合團隊的人才。但一般公司的招募通常只想盡快補足人力，極少考慮到團隊組合與適配的問題。

要吸引與留住頂尖人才並不簡單，《快速企業》（*Fast Company*）雜誌創辦人威廉・泰勒（William C. Taylor）和資深編輯波莉・拉巴爾（Polly LaBarre）在

《發明未來的企業》（*Mavericks at Work: Why the Most Original Minds in Business Win*）書裡講得很直接：明星不會爲白痴工作，因爲頂尖人才非常在乎有沒有發展的機會，他們認爲未來前景比穩定更爲重要。雜誌記者去公司採訪執行長時問了：「爲什麼高手願意在這裡工作？」答案居然不是薪水、獎金或股票。[15] 這個問題頗値得領導階層注意。由於海斯汀相信「優秀的人會幫助彼此進步更快」，因此網飛鼓勵主管思考團隊的戰力，提供主管的情境模擬非常實用，在此推薦給大家：[16]

假如你團隊裡的某個人明天就要辭職，你會說服他改變心意嗎？還是你會接受辭呈，心裡也多少覺得鬆了口氣？如果是後者，你現在就該準備好資遣費，然後開始尋找最佳人選——一個你會極力留住的人。

員工也可以反問主管：「**如果我考慮辭職，你會多麼努力地說服我改變心意？**」因爲網飛提倡「誠實敢言」的回饋文化，定義是「只說你敢當面對那個人說的話。」

期待雙方都能眞誠回答。目前，亦傳出網飛因爲不走大家庭式風格，且積極調整團隊組合，使得員工工作沒有保障，反而產生不安全感的副作用。[17] 其實網飛的管理型態基本門檻非常高，組織無法模仿到位，但可以用「生態系」觀點來理解其對頂尖人才的激勵；即強強聯手最有機會能創造出不凡，讓組織中高手雲集是他們嚮往的生態系；但有一點要注意，擁有傲人履歷和能做出重大貢獻是兩回事，如果沒有團隊精神，無法與人合作，這種人再優秀也不採用。

有一項華爾街明星分析師的研究可以佐證生態系的觀點，在雜誌《機構投資人》（*Institutional Investor*）排行績效好的分析師，會成爲獵人頭的重點目標，他們開出很優渥的條件來吸引明星分析師跳槽。鮑瑞思．葛羅伊斯堡（Boris Groysberg）、艾希栩．南達（Ashish Nanda）和尼汀．諾瑞亞（Nitin Nohria）追蹤七十八家投資銀行中的一千〇五十二位明星分析師，並研究那些跳槽的明星分析師，在新東家是否仍有同樣亮眼的績效，結果發現他們績效下滑且無法恢復過去的水準。除非把這位明星分析師所處的整個團隊都挖角，也就是把讓他專心工作的生態系完整移植過去，如此一來，分析師投資的表現就不會出現問題，只是原公司恐怕會損失慘重了。[18]

這個後續研究發現也很有趣，如果不能挖角團隊的話，挑選女性的明星分析師會是比較好的選擇。統計中發現，挖角男性明星分析師的公司，股價會下滑百分之零點九三；挖角女性明星分析師的公司，股價卻微幅上漲百分之零點零七。研究推論，在華爾街的女性只占少數，女性很難找到同性盟友建立關係，也比男性獲得良師指導的機會少；既然公司裡良師益友不如男性同事豐沛，她們就會向外建立關係，所以跳槽後這些「可攜式」關係沒有斷開。反觀男性分析師多把重點放在公司內部的人際網絡上，努力鞏固自己的權力與資源；此外，男性明星分析師比女性更易受高薪吸引而跳槽，但跳槽後績效反而變差。[19] 當然，頂尖的人才人人搶，他們自己也會想往更大的池子游去，所以忠誠度絕對不會是他們的重要考量；此時也考驗組織的留才能力，如果組織生態環境夠好，或許他們就不會想離開了。

事實上，當年 NASA 登月計畫中擔負地勤重責大任的任務控制中心（Mission Control），在招募人才時刻意不選明星級科學家或名校畢業菁英，團隊成員平均年齡才二十六歲，背景普通但勤奮積極，對任務充滿熱情，面對登月的極限挑戰，充滿著不畏虎的精神。英國知名的怪咖心理學教授李察・韋斯曼（Richard Wiseman）被這個不符合成功樣版的故事所吸引，決定去採訪幾位現在高齡七、八十歲的任務控制員，才知道當年的工作心態竟然是：「**我們不知道這是不可能的。**」而且韋斯曼對於受訪成員的謙遜，印象深刻，即使達成了非凡成就，但在言談中總是講「我們」而不是「我」，更表示自己有機會爲國家貢獻，參與人類偉大的時刻，已經備感光榮。[20]

有這樣使命感旺盛的團隊，無堅不摧。

公道處理負面情緒

跟民眾第一線接觸的警察所遇到的情緒面則是不同的情況，請不要誤以為治安工作首要追求的是讓顧客（民眾）滿意，其結果往往造成被投訴服務態度不佳，這使得警察有苦難言，也重挫警察工作士氣。我有位學生負責警察機關首長信箱的業務，發現民眾來信多是投訴或報復，建設性意見稀罕，且言詞充滿負面情緒。他的職責就是將信和意見層層轉發，然後在規定的時效內回覆民眾。不難理解他非常不喜歡這項工作，同仁對滿腹委屈的民眾多有理說不清，而長官當然想讓民眾滿意，因此光一封電子郵件就足以對他產生雙重打擊。再者，有的郵件要耗去大半時間連繫、追蹤、查證，其他業務就得加班處理。當今科技提供很多管道讓人更快速地表達出憤恨、怒氣，但公部門投入在此的行政成本卻一直被低估。

由於警察執法時往往必須面對負面情緒高漲的民眾，重點不是民眾滿不滿意，而是怎麼讓民眾的火氣不會那麼大。我們對於使用正向情緒來激勵員工很容易理解，但我們更需要思考的是如何處理負向情緒。哥倫比亞商學院教授喬爾・布洛克納（Joel Brockner）建議掌握「過程公平性」（process fairness）的精神，「fair」或「fairness」在意思上若翻成「公道」，較貼近中國人的理解。一般多翻成「公平」，容易讓人有均分、平等的誤解；其實大家真正介意的是處理起來公不公道。[21]

接下來要介紹「過程公道原則」。布洛克納的高明之處在於，首先，任何事件請在腦袋裡先畫出四格的矩陣，一欄是結果和過程，另一欄是好與壞，代表四種狀況：好結果好過程、好結果壞過程、壞結果好過程、壞結果壞過程；其次，要謹慎面對壞結果的兩種狀況。團隊領導人要面臨的疑難雜症不少，總有必須做出艱難決定的時刻。在發生壞結果的情況下，處理過程更要細膩；最棘手的是壞結果加上壞過程，這只會在員工的情緒上火上加油。此外，領導人秉持過程的公道，會在組織內部產生涓滴效應，也就是當中階主管接受了從上級主管來的好過程的對待時，他們也可能回饋給部屬同樣的對待。[22]

裁員就是人資要處理的壞結果。這當中比較容易處理的就是違反公司規定的員工，人資通常會採用晴天霹靂式告知對方查辦狀況，須為行為後果負責，當天打包離開。告知過程仍有好壞的差異，壞過程例如未提出具體事證、公事公辦的口氣、直屬主管未在場面對當事人。難處理的則是公司營運調整因素的整批裁員，這時的「壞過程」就是讓員工從小道消息耳聞或隱藏需要裁員的真實理由，被裁的人可能會滿懷怨氣，難保不會加以報復，倖存者則是上班時提心吊膽。布洛克納建議在符合過程公平性的原則下處理裁員，即使不會改變結果，但決策透明或說明清楚，可讓當事人覺得被受尊重，比較能釋懷，對組織造成的後遺症也比較少。

裁員也有激勵員工的例子，美國通用汽車（GM）計畫要關閉一間組裝廠，總公司派代表來工廠宣布這項重大決策，當代表離去後，工廠經理人告訴員工，或許大家沒辦法改變這個決策，但可以讓總公司覺得這決策很蠢，不該關掉最好的廠。結果，員工決定相挺，兩年內將組裝廠轉變為通用集團裡生產與保固成本最低的工廠，高層立即讓工廠繼續營運。[23]

另一個是某間醫院發生財務危機，剛上任的執行長被董事會指示要裁員百分之十，約三百五十名員工，當時執行長黛博拉．澤爾曼（Deborah German）不從，她認為大家可以一起找出解決的辦法，並宣布：如果要裁，第一個被裁員的人就是她自己的女兒。兩週內整個領導團隊密集開會，討論各種提案的可行性，其中有一個員工的點子最棒。他的工作是負責推輪椅送要出院的病人至門口等車，以往醫院會在輪椅上擺放幾個靠墊，結果就是靠墊跟著被帶上車，這筆花費每年竟將近一百萬美元，於是建議改由病人或家屬自備枕頭，不僅衛生、坐車回程也舒適。在眾人努力下，短短三、四個月就扭轉虧損，沒有任何人會被裁員，大家對於澤爾曼的領導信任度大幅增加。[24]

因為公務機關幾乎沒有裁員的事情發生，這些例子對人事而言可能無感。但企業的人資朋友告訴我，因為要以大局著想，在裁員過程中最重要的是必須「平和解決」；儘管自己對同仁的遭遇感同身受，心裡難過。這就是情緒同理心的反應，跟認知同理心與同理關懷不同。認知同理心是理解，人資在這點上一定要做到，至於是否模擬對方感受不一定必須，否則可能會面臨情緒癱瘓的情形，建議最好啟動的是同理關懷（或稱慈悲心）。

例如人資可以這樣說：

其實經歷裁員之後的人生有多種可能性，把時間拉長的話，原以為的壞結果，說不定是開啟另一個好機緣的機會，所以不要急著先下斷言。你不妨回想一個過去發生的正面或負面事件，然後問自己下列二個問題：[25]

1. 「該事件發生時你的感受有多正面或負面？程度大概是多少？（1：一點也不

會➡7：很強烈）」

2.「如今你對於該事的感受有多正面或負面？程度大概是多少？（1：一點也不會➡7：很強烈）」

這是德州大學麥庫姆斯商學院教授拉伊・拉赫胡納森（Raj Raghunathan）的調查，他在網路免費公開課程平台Coursera開設「快樂學」（A Life of Happiness and Fulfillment），創下該平台前十名的超人氣。調查結果發現，感受會隨著時間而淡化，而負面事件淡化的更為明顯。此外，他再追加第三題：

「如今你認為那個事件多麼有意義？」

負面事件比正面有意義的多，「傷害零容忍」、「無壓力」的世界並不存在，但人並不脆弱，只要我們鼓起勇氣，不被恐懼桎梏，當面對重大挑戰或痛苦時，往往是邁向人生下一階段必要的準備，請自我激勵。撐下來的話，會有真切活著的感受，值得感激它帶來的成長機會。

最後再談談警察的例子，歐巴馬總統任內成立的「21世紀警政專案小組」，頭號建議就是「建立信任和正當合法性」（building trust and legitimacy）。正當合法性可以透用過程公道原則來展現，當民眾能夠理解，願意配合警察執法，態度和緩，就是好消息了。有些資深警察同仁手段老練，介入原本劍拔弩張的民眾糾紛，待調解後變得雲淡風輕。最近警政署推動「柔話術」（Verbal Judo），強調警察到場時應先處理對方的情緒，但警察自身的情緒亦當妥善處理。觀察許多妨害公務案件，鑑於警察在執法過程遭受言語暴力，且雙方憤怒情緒滿溢；建議警察對個人情緒要有更好的覺察，也學習寬恕別人與自己。

網路時代，民眾經常上網貼文發洩，建議多三思後行。史丹佛大學「文學實驗室」（Literary Lab）訓練電腦讀兩萬本小說，希望電腦能破解小說之所以暢銷的模式，研究團隊茱蒂·亞契（Jodie Archer）和馬修·賈克斯（Matthew L. Jockers）不藏私，把暢銷小說共通的成功之處，公開在《暢銷書密碼》（*The Bestseller Code: Anatomy of the Blockbuster Novel*），書中指出：[26]

暢銷小說裡的人物比較常爭取、思考、詢問、觀察、掌握，也更常去愛。這些人物對自己很了解，也很清楚自己的思維和舉動，他們能夠控制自己的方向，儘管有時候他們並不喜歡自己。……愈是冷門、愈不賣座的小說人物愈常吼叫、猛衝、轉向、亂推——累死了！不分男女都一樣，他們也常低喃、抱怨、蹉跎，讀者看到都要翻白眼了。

人生如寫小說，如果覺得生活平淡無奇，日復一日，缺少活力和期盼，敬請參考《暢銷書密碼》的建議，讓自己充滿更多爭取、思考、詢問、觀察、掌握的行動，還有經常體驗愛與被愛。

第 2 章

領導的日常

高情商並非與高智商「只是同樣」重要，而是重要多了。

——麥可．索羅門（Michel Solomon）、
瑞雄．布隆伯格（Rishon Blumberg）
《10 倍力，人才的應用題》

日常的美好

領導不需要職銜，任何職位都可展現出領導力，但激勵卻需要有一方發動（自己激勵自己是另一種激勵形式，先不論這個）。為了工作日常的美好，團隊領導人最好成為主動的一方。

我任教於中央警察大學（以下簡稱：警大），授課中有一門最受喜歡的課程：「團隊激勵」，我覺得這堂課不能光說不練，激勵理論必須要能被實際應用出來，所以週週都有指定作業：「你激勵了誰？或被誰激勵了？」上課第一件事就是每個人輪流談述本週激勵故事。學生都在警界服務，有可能一星期下來幾乎沒有被激勵，但為了完成作業，只能自己製造，結果不僅上課的氣氛變好，一學期練習下來學生養成了激勵別人的習慣，甚至會激勵長官。

警界對領導力的詮釋最常使用的字眼為「領導統御」，雖然目前警大教育過程的軍事化管理成分不斷被稀釋，但仍強調命令與服從；然今非昔比，現在的年輕世代儘管可以表現出服從性，也希望明白長官為什麼要這樣做，能向他們解釋理由；否則，自己會覺得被支配或沒有意義，怨言一堆。熱血的學生更可能立馬暴衝到網路社群貼文，一旦野火燎原，滅火也來不及了。可嘆的是，這種劇情不斷上演。

可能有些領導會認為「凡事我說了算」，為什麼還要給部屬理由？當然若是想要展示權力或測試忠誠度，另當別論。不過，哈佛大學心理學教授艾倫・蘭格（Ellen J. Langer）的插隊研究，提醒我們別低估了提供理由的影響（無論它是好理由或壞理由。）試想一個情境：研究人員不排隊就要影印文件，有三種不同的詢問法：「可不可以讓我用一下影印機？」「我想影印，可不可以讓我用一下影印機？」「因為我在趕時間，可不可以讓我用一下影印機？」差異很細微，第一句沒有給理由，後面二句則有給予理由。實驗結果：第一句插隊的成功率為百分之六十，第二、三句竟獲得高達百分之九十五的同意；最有趣的是，第二句其實稱不上什麼好理由，第三句才是合理說法，但人們還是會接受。[1]

蘭格的研究非常有創意，她最知名的安養中心逆時針實驗，證明了心理可以影響生理。據說已改編成電影，由女星珍妮佛・安妮絲頓（Jennifer Aniston）飾演蘭妮。讓老年人變年輕，這個經典研究雖被認為是安慰劑效應，但保持年輕心態又沒什麼副作用。蘭妮主要的學術理論為「用心理論」（mindfulness，有些譯為「覺察力」），影印插隊實驗的目的希望我們多用心並質疑訊息；同時也證實了「因為」這二個字的好用，可看見人們喜歡找理由，亦無論如何都想要有個說法以滿足好奇。我謹記這項原則，在撰寫訊息時，裡頭通常帶有「因為」（或所以），如此一來，溝通效率也提高了許多。

警察的工作複雜多樣、充滿危險性，時間又長，同仁對激勵的需求很大；但既然懂得激勵的長官這麼少，最好的辦法就是趕快讓學生進入這片藍海，如果他們重視且體驗過激勵的效果，就可以展現出不同型態的領導行為，期待有更多人開始在工作上激勵別人，讓警察也具有「快樂競爭力」，這是尚恩・艾科爾（Shawn Achor）提倡的。在《哈佛最受歡迎的快樂工作學》（*The Happiness Advantage: The Seven Principles of Positive Psychology That Fuel Success and Performance at Work*）一書裡，艾科爾有一個郵輪研究，希望能了解員工的工作投入、正面心態與快樂程度對遊客體驗的影響。他訪談員工在船上的工作經驗，問他們：「請回想你在這裡工作時最快樂的那些日子，是什麼事讓你那天感覺特別好？」他以為員工會說休假時上岸去玩，或有空檔可以多休息，結果得到的答案竟然是：直屬主管的讚美與肯定。被主管激勵的郵輪員工在工作時會更為投入，也能讓遊客更佳享受美好的假期。這足以證明團隊激勵是很有功用的。[2]

企業顧問卡洛琳・韋伯（Carikube Webb）定義自己的工作是協助客戶把雨天變晴天。拜訪客戶時她會問三個問題：「你覺得怎麼樣才叫好的一天？」「怎麼樣叫做不好的一天？」「怎麼樣才能有較多一點開心的日子？」因為她覺得自己的使命就是讓身邊的人工作時可以開心一些。例如團隊領導人經常要主持會議，她建議：領導者會前不是只考量討論議程，也要考量怎麼討論；主席可以從正面的事開始談起，也就是到目前為止進行順利的部分，以解除大家的防禦模式；如果在沒有共識時，想要強化大家站在同陣線，可以給予適時的幽默，緩和緊張氣氛；當然最理想的是有效率、縮短會議時間。[3]

好好開會很重要。在Google開會是以三十分鐘為基本單位，人數至多八人，以便充分參與討論。此外，會議經常利用簡報作說明，簡報技巧是目前領導人的重要職能之一，簡報設計大師南西・杜爾特（Nancy Duarte）指出，一流簡報的共通點是「簡短」，可惜，我觀察到長官對頁數少的簡報很沒有安全感。美國前副總統艾爾・高爾（Al Gore）以「不願面對的真相」的演講重出江湖，喚起世人對全球暖化的關注。當時簡報就是由杜爾特在幕後操刀，讓人見識到一場簡報帶來的超級影響力；她同時也是蘋果、微軟、臉書、推特等重量級公司的視覺溝通顧問，個人創辦的設計公司座右銘則是：「不要講得連自己都聽不下去。」[4]真是一針見血啊！

團隊領導人的激勵可以是正式性、儀式性的行為，但請把它嵌入日常，讓它經常發生，而不是將它視為一種責任、義務或待辦事項。第十七世大寶法王噶瑪巴・鄔金欽列多傑（The 17th Karmapa, Ogyen Trinley Dorje）的「順緣」說法非常貼切：[5]

你所受用的順緣，代表你有較強的能力和較多的機會，在他人的生命當中創造出正面的改變，這個認知可以激發你的熱情去盡量利用這個機會，使它對你周遭世界的資源有利益。你會感覺到：透過這個方式去運用你的順緣，是一件真正有意義的事。

刻意、主動之必要

激勵要刻意，是指需要蒐集、觀察具體行爲事實，有目的性的展開特定互動，心理學上稱為「意向性」（intentionality）。

而大腦的演化為了生存著想，常會快速地注意到有危險的可能，產生「負向偏誤」（negativity bias）的傾向：即因對壞的經驗感受較強烈，而使自身容易挑毛病，對負評耿耿於懷，還忍不住設想最糟的情況，儘管發生的可能性很低，但這種災難化思維就夠讓人心生恐懼而遠離幸福快樂了。由於負向偏誤，反而讓我們對好的表現、好的評價過於忽略，或不太能記憶住美好細節，因此，激勵要刻意引導大腦注意力，才容易發現周遭的好人好事，同時更得認真感受其中的美好。

研究生做一份有關派出所所長的問卷調查。近年來出現「所長荒」的現象，或許老一輩的長官對此覺得不可思議，怎麼可能沒有人要當所長呢？學生擬的問卷：「擔任所長時常無法照顧家庭讓我感到愧疚」、「社群媒體的爆料文化讓我感到困擾」……等，我實在不想用研究的資料佐證，一來會強化這些論調，二來不想讓人在填問卷時感到難過，就建議將問卷題目調整為：「你擔任所長工作最有成就感的事情是什麼？」而這也讓我發現警界的負向偏誤有些嚴重。

我並沒有要將現實作柔焦處理，皮尤研究中心（Pew Research Center）針對美國警察做一項調查結果顯示：百分之五十一警察表示在工作上感到挫折，相較於一般職場只有百分之二十九有明顯落差；百分之四十二警察表示能在工作上獲得滿足感，也低於一般職場的百分之五十二。不過，該調查報告也指出，高達百分之七十九的警察在執勤時有被民眾感謝的經驗。[6] 我進行員警訓練課程通常一開始會作個簡單調查，只有半張A4紙，其中一題是：「在工作上遇到最讓你感恩的事？」不少人寫「民眾感謝的眼神」、「幫民眾尋獲失竊機車，抱著一箱芒果來感謝，不收下他就不離開」、「民眾送咖啡加油打氣」；至於長官也榜上有名，員警感恩「長官關心我的生活瑣事（例如小孩生病）」、「遇到愛護下屬的好長官」、「工作上得到長官的肯定」，這些讀來就讓人覺得被激勵了。

工作有甘有苦，警察工作可能苦的比例略多一些，但總得覺得辛苦是值得的。我希望自己平時能把激勵注入警界，如果警察可以被激勵起來，相信其他組織亦可以。建議警察同仁們學會放大正向經驗感受，誠如《不斷幸福論》（*Die Glücksformel*）作者史特凡・柯萊恩（Stefan Klein）說的：[7]

就像笑紋會在愛笑的人臉上刻劃出痕跡般，感受也會在腦中留下痕跡。我們一再重複感受到快樂或悲傷等等情緒，與山上流下來的水滴很相似。每一水滴也許很快就消失了，可是隨著時間過去，眾多水滴會共同挖出一座河床、一條河道，甚至是一座山谷。

領導在工作決策上仰賴訊息來源，建立起情報網以處理辦公室政治，皆是正常之舉，但也可以轉換成激勵的情報網。美國湯廚公司（Cambell Soup）前執行長道格拉斯・科南特（Douglas Conant）在《別讓改變擦身而過：領導就在短暫互動中》（*TouchPoints: Creating Powerful Leadership Connections in The Smallest of Moments*）書中，揭露個人祕訣是「領導關鍵點」（Touch Points），從每日、當下、立即的互動中去影響、引導、釐清、鼓舞與督促員工。科南特不只把握面對面的機會，每天還寫10至20則個人簡訊，內容均是感謝員工對公司的貢獻、恭喜主管晉升或其他成就、歡迎新進員工……等。雖然簡訊是寫給個人的私訊，但對方通常會轉傳，使得激勵效果更佳。科南特自己有一組情報網，提供員工好事訊息，讓自己日日散發正能量。估計擔任執行長的十年間，他親筆寫的感謝函約有三萬封。二〇〇九年他車禍住院，收到的慰問信如雪片般飛來，都是曾收過他感謝函的人。[8]

科南特自曝在讀研究所時，某一次作業寫得有點隨便時，教授對他說了一句：「你可以做得更好。」一當場點醒了他，明白教授對他有更高的期許，所以當他面對未達到要求的員工時，並不會直接批評，而是提醒其要追求更高的標準。

激勵的刻意不限於第一手，如果你有激勵的心意，情報到手卻未出手，豈不可惜；一旦知道或看到了對方的好人好事，愈快執行激勵，效果會愈好，所以千萬不要懶惰喔。雖然可能只是轉述某人的讚美給對方，無加油添醋，你仍會收到對方的微笑，此外，還建議你可以號召別人製造佳評如潮的效果。

罐頭式的內容哪怕印製精美、加上領導的親筆簽名，也很難有激勵效果，因為沒有刻意觀察，就講不出特別的細節。其實三兩句話就足夠了，出國時我在旅館留些小費，並寫張紙條「感謝您，祝您有美好的一天」，畫上一個笑臉；隔天發現看到清潔人員留了張紙條祝我開會順利。我再寫，然後又出現回條，內容還不一樣。

開完會回到房間成了驚喜時刻，小費當然也跟著加碼，這些紙條亦變成我上課的例證。最激勵的紙條出現在二〇一〇年八月二十二日的智利，聖荷西礦坑（San Jose Mine）發生嚴重坍塌，各國搜救隊努力營救受困在地底七百公尺的礦工。災難發生第十七天，一台鑽孔機抽出地面時，上頭有一張小紙條：

「我們三十三人在避難所內全都沒事。」

形塑成長心態、偵察心態

讚美是激勵的形式之一，小心不要變成了恭維。

恭維不必建立在事實上，《恭維趣史》（*You're Too Kind: A Brief History of Flattery*）作者理查．史丹格（Richard Stengel）指出，據考證西元前十四世紀的埃及法老王圖坦卡門十歲登基、十九歲駕崩，從不曾帶兵打戰，但陵墓雕刻卻出現凱旋歸國的英姿，可見古埃及群臣對這位君王身後的恭維：圖坦卡門的陪葬品數量驚人且炫麗奢華，最知名的黃金面具更成為開羅埃及博物館的鎮館之寶。史丹格舉證歷史上恭維無所不在，目的為求皇帝恩寵、貴族社交禮儀、浪漫愛情等等。當今民主制度下依然有恭維，只不過換成政治人物恭維選民。[9] 現代人樂於按「讚」，或多或少也有恭維之意，但本書希望展現的行為則是以激勵為目的。

如何正確使用讚美來激勵，一定要問心理學家、暢銷書《心態致勝：全新成功心理學》（*Mindset: The New Psychology of Success*）作者卡蘿．杜維克（Carol S. Dweck），她的實驗提供十題相當困難的ＩＱ測驗，分別有不同的回饋，第一種：「哇！你答對了八題，好棒的成績，你一定很聰明。」第二種：「哇！你答對了八題，好棒的成績，你一定很用功。」結果發現，不同的讚美在心態上差異頗大。被讚美聰明的人，出現了「定型心態」（fixed mindset）的傾向；被讚美用功的人，則出現了「成長心態」（growth mindset）的傾向。[10]

定型心態者認為能力是天生的、固定的，有就有、沒有就沒有，為了避免能力被質疑，往往會迴避挑戰；成長心態者則認為能力是可以改變的，願意嘗試挑戰，不會因失敗而否定自己能力，只需要再努力。成長心態者的路較寬廣，簡單容易的事無需讚美，但當他們付出心力或追求重要目標時，這樣的讚美會讓他們產生自豪感，繼續奮進。

澳洲新南爾斯大學教授羅伯特·伍德（Robert Wood）與史丹佛大學教授亞伯特·班杜拉（Albert Bandura）以商學院研究生為對象，模擬一間家具公司的經營。電腦會出現生產力的訊息回饋，考驗研究生工作分派、指導與激勵員工，可算是複雜決策型（complex decision making）；然後對一組輸入定型心態，宣稱這個任務可以測量管理能力，能力愈高表現愈好；另一組則輸入成長心態，告知管理決策能力的培養要經過不斷地練習，愈練習表現會愈好。透過這為期一週的經營者模擬結果可得知，成長心態者不怕犯錯且自信度提升，整體營運績效也比定型心態者好。[11]後續研究則改成以團隊形式進行，每隊有三人共同決策，也分別灌輸不同的心態；觀察發現：具備成長心態的團隊，在溝通管理決策時更誠實坦率，會通力合作；反之，定型心態的團隊則較顧及個人能力高低與形象，擔心意見不被認同，而陷入「團體迷思」（groupthink）。

「團體迷思」是決策的一大障礙，資訊均來自同溫層，是助長此障礙的原因。網路即時性讓人有訊息更豐富的錯覺，卻也因為一直無從接觸到對立的觀點，只跟觀點相似的人互動，因此會堅信自己是對的，也懶得做功課或與重要議題認真交鋒；然而，同溫層除了會造成思考盲點外，較嚴重的副作用是煽動「輕蔑」，甚至群起攻之。《愛你的敵人》（*Love Your Enemies: How Decent People Can Save America from Our Culture of Contempt*）作者亞瑟・C・布魯克斯（Arthur C. Brooks）認為輕蔑文化盛行是社會紛擾的禍首，如網路匿名的酸言和辱罵；建議領導者要勇於跨出同溫層，且在意見分歧的情況下仍保持有尊嚴的對待；更進一步嘗試跟反對派建立友誼。[12] 否則當團隊同質性太高，領導人想綜觀全局的困難會加增，愈來愈容易作繭自縛。

人們會有定型心態還有一個原因是出於對天才的著迷。「神童畫家」瑪拉・歐姆斯德（Marla Olmstead）的作品掛在父親友人的咖啡館裡有客人想購買，當時她才四歲就賣出了第一幅抽象畫，引起許多人爭相收藏，有的價格甚至高達數萬美元。二〇〇五年美國CBS電視台《六十分鐘》拍攝她的作畫過程，節目中發現業餘畫家父親從旁指導，瑪拉的光環立馬褪色，畫作價格大幅滑落，畫展被迫取消；可見人們偏好不用太努力即可成就的天才本質，如果是神童的畫容易被認為極具投資價值。[13] 因此，促進成長心態的讚美愈發顯得可貴，但請不要以相互比較式的讚美，建議採用現在跟過去對比，來見證對方的進步。

每個人可能同時擁有定型心態和成長心態，視不同情況而定；要檢視心態是哪一種，最簡單的方法就是觀察面對失敗時的反應。失敗不好受，但在管理上反而會愈來愈受到欣賞，尤其是新創領域，有過壯烈失敗經驗的人，還可能在圈內獲得更高的社會地位呢。杜維克坦承自己原本屬於定型心態，後來才慢慢地朝向成長心態。[14]職業棒球隊在評估球員是否具有價值時，杜維克建議應該要「買」的是球員的心態，而不要買運動天賦。然而，害怕失敗的恐懼不容易消除，大腦有自我辯護機制，很擅長否認，會在人面對信念、價值觀衝突時啟動，藉由理直氣壯以降低認知失調感。

《零盲點思維》（*The Scout Mindset: Why Some People See Things Clearly and Others Don't*）的作者茱莉亞·蓋勒芙（Julia Galef）主張以「偵察心態」來面對犯錯，詢問「這是真的嗎？」然後深入調查，接受與個人信念相左的證據；即使真相令人沮喪也能勇於改變想法，把錯誤視為「更新」，而非個人的失敗。相對的是「士兵心態」，積極辯護「這不是我的錯」，讓自己的判斷力失去精準，也低估了自欺漣漪效應的代價。[15]要人們承認「我錯了！」確實有些難以啟齒，在未來將成為機器人的標配。

機器人伯特（Bert）是廚房助手，負責遞雞蛋、調味料給人類廚師製作出歐姆蛋。研究團隊推出了三種型號，1號伯特不會說話，工作俐落；2號伯特也不會說話，但有時雞蛋會失手掉在地上；3號伯特會些簡單對話，如「你要放鹽巴了嗎？」，如果蛋掉了還會皺眉頭、嘴角下垂，甚至開口道歉。研究目的是找出受試者會信任哪一號伯特多些，結果多數人選擇了會道歉的伯特當助手。我們在工作上要選擇當1號伯特，但提醒自己有犯錯的可能性，學習3號伯特開口道歉。[16]

但如果要贏得更多人類的信任，這樣似乎還不夠。真人版的伯特實驗讓受試者和一名研究成員玩金錢遊戲，他會先惹毛受試者，破壞信任，然後測試下列四種反應的效果：「完全不溝通」、「道歉自己搞砸了」、「答應會改，但沒道歉」、「簡單道歉並保證自己會改過」。研究發現，**即時的道歉並附加承諾最能挽回信任**。[17]所以如果要升級伯特，可以再加上做出承諾這一條件，只是不知道人類夥伴會不會當真。重點是，要建立互信基礎不容易，信任其實是非常脆弱的，可能一個無心之過就將之摧毀。有研究探討「表情」會不會影響信任，在彼此不認識的情況下，人們會自行判斷：看起來快樂的臉比較值得信任。因此，經常擺臭臉的人可是非常吃虧的。

另一個角度是當遇到別人犯錯時該怎麼處理，尤其是自己的火正源源不絕地冒出來。哲學家瑪莎・納思邦（Martha C. Nussbaum）的建議非常明智，在她的《憤怒與寬恕：重思正義與法律背後的情感價值》（*Anger And Forgiveness: Resentment, Generosity, Justice*）中提到了一種選擇，是無條件的寬恕：[18]

面對損害（如果損害嚴重的話）你需要的只是傷心一下，然後繼續過你的人生；損害不嚴重的話，就放下此事繼續向前走。道歉若能作為一種對於被侵犯者未來期望的信號，那是有用的。但是得到道歉和逼人勉強道歉是極為不同的，迫使被侵犯者忍受寬恕的儀式往往只會收到反效果，無條件的寬恕是比較好的。

消耗模式或發展模式

賓州大學心理學教授、暢銷書《恆毅力》（*Grit: The Power of Passion and Perseverance*）作者安琪拉・達克沃斯（Angela Duckworth）在二〇一七年來臺灣演講時談到，培養成長心態對於恆毅力極為重要，亦即成長心態可以搭配恆毅力一起練習。她是美籍華裔，了解亞洲家庭望子成龍、望女成鳳的心理，在親子教養部分多半會較要求小孩培養毅力；但她建議父母要先鼓勵小孩找到自己的熱情，快樂的人比較有恆毅力；同時，父母也要避免強壓自己的夢想、抱負於孩子的身上，讓孩子為自己的人生負責。

達克沃斯注意到恆毅力是因參與美國西點軍校新生入學的「野獸營」（Beast

Barracks）研究。能夠申請進入西點軍校的均是佼佼者，幾乎個個運動校隊出身，但新生在野獸營階段的退學率卻是最高的，學校希望能找出通過野獸營訓練的預測指標。研究結果發現，這與入學時申請的總分高低無關，放棄的新生不是能力不足，而是心態上有所差異。此外，也調整了野獸營欺負菜鳥的風氣；以前教官會對達不到標準的學生咆哮、批評或羞辱，屬於「消耗模式」；現在則改為「發展模式」，教官激勵學生，或跟著學生一起訓練，讓他們有信心挑戰自我。當然，仍有老一輩的西點人不太適應這種軟性的新作風，所幸目前的西點長官已經了解面對這些優秀的新生，辱罵完全不管用。[19]

《為什麼我們製造出玻璃心世代？》（*The Coddling of the American Mind: How Good Intentions and Bad Ideas Are Setting Up a Generation for Failure*）作者強納森・海德特（Jonathan Haidt）和葛瑞格・路加諾夫（Greg Lukianoff）提醒當今的年輕世代有「過度保護」的問題。近年來，美國大學生發動抗議的理由之一，

是因為不舒服的言論讓他們心理受創，結果導致教師們需小心翼翼、措辭謹慎；此外，整個社會的風險和恐懼被放大，致使年輕族群對情緒痛苦更加敏感，變得焦慮與脆弱，容易有受傷感且深陷被害者情節。但對於想要當警察的人，這樣的狀態可不行。[20]

上述西點軍校的描述令人相當熟悉，警大每年八月都有新生預備教育，強度和時間長度雖不如野獸營，但過往新生會選在這個階段退出，而學校也會擔心退訓人數太多導致招生缺額；由於這是學校的重要傳統與社會化過程，在預備教育期間，隊職官和教育班長向新生講話的音量確實放大許多，震懾力十足。建議校方不妨效法西點試試「發展模式」，不變的高標準卻加添新生多些激勵。

我有個朋友在馬來西亞開創事業，強烈感受不同文化內涵：事業夥伴建議他採取控制命令式的領導風格，強勢才不會被員工騎到頭上，例如當地夥伴們對待司機有階級不同。但他希望自己保持台式作風，也就是對司機有禮貌客氣些，不擺架子。無奈最終他還是接受文化差異的現實，於是為了在上班時維持權力距離，自己整個人變得很緊繃。知道現實景況後我仍請朋友不要放棄，短期間可能會犧牲效率或利潤，但如果能塑造新的組織文化，或許能吸引到志同道合的團隊。我相信：想要被激勵的員工會愈來愈多，至少，可幫助領導人的心理健康。

高階主管教練洛麗．達絲卡（Lolly Daskal）專門幫客戶自我覺察心魔，受到心理學家卡爾．容格（Carl Gustav Jung）和神話學家喬瑟夫．坎伯（Joseph Campbell）的啟發，使用稱為「領導原型」的技術，在《領導者的光與影》（*The Leadership Gap: What Gets Between You and Your Greatness*）書中她解釋了七種領導原型。我特別注意到「傭兵型」這一類領導人，警察人事採用「一條鞭制度」，高階警官均由內政部警政署任命，每次調動大風吹後，高層領導團隊便會打散重新組合；官運亨通者可能一年內接續出任二至三個要職，內部團隊關係多靠職權維繫，如果太急切為陞遷努力的話，焦點可能只得擺在向上管理或形象管理。「傭兵型」的光明面是「騎士型」，騎士型看待領導工作的角度是：「我能為你服務什麼？」看重對人的誠實與尊重，若警界未來能有更多騎士型長官，相信部屬們可有機會一展長才。[21]

世代差異也是一個改變的驅動力。二〇一八年三月天下雜誌第644期的封面主題：「他們不是小孩，他們決定你的未來：千禧世代接管世界」。時代不同了，了解他們在想什麼變得很重要。德福瑞大學（DeVry University）職業諮詢委員調查報告顯示，千禧世代員工的弱點是：無法接受批評，但期望在工作上能獲得主管或資深人員的指導。[22]我看到報告調查，對年輕人「無法接受批評」這點深有同感，可是他們又想要被指導，該如何化解這個矛盾呢？我覺得作家喬書亞·沃夫·申克（Joshua Wolf Shenk）的意見很合用：[23]

盡你所能地誠實，但必須使他們願意傾聽。有些人每喝一滴批評，就需要足足一杯糖來調配才能嚥下去，那就給他們糖吧。有些人可以直接吞下苦藥，那便儘管倒出苦藥來給他們。

警界高、低階的年齡距離往往相差幾個世代，因此形成世代差異的管理難題。或許警察同仁不會在上班時直接挑戰權威，但並不介意透過社群管道來發聲，或是從內部爆料。對於網路公審長官的作法，大多見怪不怪了；事實上，真相可能並不完整或被扭曲，匿名者輕率的言論卻可能重創長官名聲。所以，建議領導人平時還是多激勵部屬，或許在不得已的情況下，會有人願意出面幫忙平反。

第 3 章

激勵的社交

倘若對智慧加以分析，必然發現人生最重要的事情都關乎於「人」。

——湯瑪斯．吉洛維奇（Thomas Gilovich）、
李．羅斯（Lee Ross）
《房間裡最有智慧的人》

演化與社會連結

演化心理學家喜歡思考人類走了漫長的歷史，究竟我們跟原始人類有什麼不一樣？畢竟現代生活舒適便利、坐擁高科技，祖先一定很羨慕這樣愜意的生活品質；不過，有一項可能相差不多，就是壓力反應。原始人類環境的壓力源是猛獸、天災、飢餓、重傷等生存威脅，現代人的壓力源不太會危急性命，但場景若是發生在辦公室的激烈衝突、緊張焦慮之下，大腦杏仁核（amygdala）仍會火速通報，然後啟動同一套壓力反應機制。過去舊思維以為壓力是有害的，要極力避免或擺脫，如今知道適度擁抱壓力反而能夠帶來成長或突破性表現，況且多數人的工作並不像霍華・馬克斯（Howard Marks），他形容自己的工作是「接天上掉下來的刀子」，他創辦橡樹資本集團（Oaktree Capital），專門處理壞帳與不良資產，當金融市場愈動蕩不安，他就愈能大顯身手。[1]

《財星》五百大企業要挑選CEO執行長，會去請賈斯汀・曼克斯（Justin Menkes）協助，因為曼克斯研發一套「主管智商」（Executive Intelligence）的評量工具，並曾親自訪談全球六十位頂尖執行長，了解半路垮台的執行長和持續有出色表現的執行長有何差別，在他出版的書名中便道出了答案：《壓力下竟能表現更好》（*Better Under Pressure: How Great Leaders Bring Out the Best in Themselves and Others*）。激勵能力是其中一項差別，頂尖的執行長會激勵大家一起為成就大我而努力。[2]

人類物種主宰著地球，是因為我們有辦法進行大規模且靈活的合作。歷史學家哈拉瑞（Yuval Noah Harari）將我們與蜜蜂作比較，蜜蜂看似非常合作，但欠缺靈活性，沒辦法把蜂后送上斷頭台，改造社會制度。[3] 此外，社交行為是「石器時代的優先事項」，希臘文”idiot”（英文是白痴、傻瓜的意思），原是指獨居的人，表示一個很「宅」、不跟別人往來的人，腦筋不太靈光。作家艾美．奧康（Amy Alkon）在《科學脫魯法》（*UNF*CKOLOGY: A Field Guide To Living With Guts And Confidence*）書中這樣解釋我們祖先的生活：[4]

完全取決於團體中的其他人怎麼看待我們——他們是否認為我們能為團體帶來福祉，還是個消耗資源的累贅，或者更慘，是不要臉白吃白喝的傢伙。被社會拒絕，也就是被趕出團體之外生活，這代表著你很可能會死掉。即使沒有被趕出去，生存也還是需要付出代價的。若是被排在古代版本的D咖演藝人員名單上，那你就是最後一個拿到食物、賞錢以及好處的人。

「社會認知神經科學」（social cognitive neuroscience）對於人類社交行為演

化提供更具體的腦科學證據。權威學者馬修・利伯曼（Matthew D. Lieberman）在《社交天性》（*Social: Why Our Brains Are Wired to Connect*）書中指出，演化對我們成為社交專家押了注，亦即大腦把資源投入在有助於「社會連結」（social connection）的行為上，人類才得以成功地擴大團體規模。[5]

原始人類社群的規模小，彼此有親屬關係，熟識、容易合作。曾到新幾內亞進行田野調查的賈德・戴蒙（Jared Diamond）在《昨日世界：找回文明新命脈》（The *World Until Yesterday: What Can We Learn from Traditional Societies?*）書裡解釋，原始的小型社群分為三種人：親友、敵人和陌生人，例如總數幾百人的小部落，你理應知道每一個人的名字、臉孔和成員之間的關係，若見到認不出來的，要立刻報上親友名字，看雙方有沒有共同親友以確認關係，否則就要假設來意不善，立刻展開攻擊，絕不會伸出手來說：「很高興認識你。」[6]

演化生物學家達里歐・梅斯崔皮耶里（Dario Maestripieri）假設我們人際關係的社交行為與獼猴、狒狒的差異並不大；根據研究發現，對這些靈長類動物而言，世界從來都不是公平的。高位者享有一切好處，為了生存與繁衍而支持與合作，但僅限於親屬，這種「親緣選擇」（kin selection）行為按人類說法就是所謂的「裙帶主義」。梅斯崔皮耶里是義大利人，對裙帶主義有切身體會：據說義大利某大學的經濟系有八位同姓氏的教授，皆是親戚。他考量自己沒有顯赫家世，而參考獼猴親緣選擇，決定離開前往美國開展學術生涯。他提醒大家要警覺上層階級可能會破壞規則，以維護自身利益的裙帶主義，因下層階級並不具備扭曲規則的權力。不過，我們也無需過度醜化裙帶主義，仍可大方接受其援助，有機會也請記得讓其他人受益。[7]

後來的人類逐漸敢跟陌生人打交道，能將無血緣的外人變成了自己人，發展出超出親友的合作關係，以結盟代替戰爭對抗。因為理解到沒有永遠的敵人，而有意地拓展信任的定義與對象，造就人類群體不斷地擴大，貿易暢通、社會富庶繁榮，邁入全球化的時代。趨勢觀察家帕拉格．科納（Parag Khanna）主張二十一世紀看世界地圖的方式要改變，在《連結力》（*Connectography: Mapping the Future of Global Civilization*）書中他解釋：[8]

> 我們組織世界的根據，正從政治空間（根據法律分割地球）轉向機能空間（實際上如何利用）。在這個新的時代，法律上的政治疆域世界正讓位給建立在事實上的機能連結世界。邊界告訴我們政治地理分隔了誰和誰，基礎設施則告訴我們機能地理連結了誰和誰。

科納強調「連結即命運」（Connectivity as destiny）。他教我們不妨跳出國際政治框架，看見一張新的地圖，因為傳統以國家邊界畫的地圖早就過時了，更準確的理解是從連結程度來看，那些有洞見的投資者，大概很懂得在世界地圖上連連看。但世事難料，一場新冠疫情和烏俄戰爭打亂了全球供應鏈，新的構圖正在成型，所以我們僅處理個人層面的連結，讓我們再回到有趣的人類演化吧！

離群索居對原始人類而言既危險又愚蠢，當連結受到威脅或失去時，例如被人排擠、拒絕、摯愛離開等，通常稱為「社交痛苦」（social pain）。這種傷害雖然外表沒有破皮流血，但大腦迴路的反應跟生理疼痛是一樣的。在成長過程中難免會經歷社交痛苦，雖然下場不會像人類祖先那般危及生命，孤零零地死在荒郊野外，但還是很痛。此時，千萬別小看大腦製造負面漩渦的能力，嚴重可能侵蝕日常生活，但這時絕對是雪中送炭的最佳時機。

送什麼炭好呢？加州洛杉磯分校的教授，同時也是利伯曼的妻子歐蜜・艾森柏格（Naomi Eisenberger），了解大腦對痛苦的迴路反應後，做了一項實驗。實驗發現：持續服用三週的止痛藥，的確可以緩解心痛感受。所以朋友失戀時，你可以帶著止痛藥前去探望，但安慰的話仍不該省略。我建議千萬不要像警察偵訊一樣，追問事情為什麼會發生，讓你破案了又如何，重點是激勵朋友對未來人生懷抱著希望，不要因為怕再受傷而防衛起自己、把心門緊閉，這樣反而會把更多有意義的連結擋在門外了。

幫助自己或朋友遠離負面狀態，你需要學習「心」的魔法，想學的話去看《你的心，是最強大的魔法》（*Into The Magic Shop*）之作者詹姆斯・多堤（James R. Doty）來自破碎家庭，住在美國加州的荒僻沙漠區，在犯罪心理學家眼中，他應是人生很容易走偏的人。十二歲的夏天他走進一間魔術商店，一位露絲奶奶傳授他魔法。剛開始，露絲只要求他不斷重複對自己說：「我很好，這不是我的錯，我是個好人。」接著，露絲陸續教他其他招式，結果命運漸漸翻轉，他申請上了醫學院，成為神經外科的明星級醫生。但事業成就好景不長，他遺忘了魔法的注意事項、迷失了人生。清醒後，他東山再起，如今更兼任史丹佛大學慈悲與利他研究暨教學中心的主任，在此揭露其中一個魔法：[9]

重要的是打開你的心胸，才能與他人連結，改變一切。

撰寫本書期間正逢迪士尼動畫片《冰雪奇緣2》準備上映，有雜誌專訪故事導演馬可・史密斯（Marc Smith），關於粉絲爭論妹妹安娜是否也擁有魔力一說，他回答：「安娜已經擁有魔力——她的樂觀、她的勇敢。」[10]

是的，每個人都可以激勵人，每個人都可以擁有魔力。

亞伯拉罕・馬斯洛（Abraham Maslow）的「需求層次理論」（hierarchy of needs）廣為人知，但那個金字塔造型根本不是他畫的！心理學家史考特・巴瑞・考夫曼（Scott Barry Kaufman）在馬斯洛逝世逾五十年後，出版《顛峰心態》（*Transcend: The New Science of Self-Actualization*）。經過考證金字塔其實出自一九六〇年代一位管理顧問之手，但金字塔結構卻讓人誤解馬斯洛主張一層層向上破關，考夫曼澄清並強調馬斯洛的「全人」觀點，重新詮釋的需求理論採用了帆船意象，分為船體和船帆，代表著兩大類別需求：匱乏需求與成長需求；船體基礎結構則由「安全」、「連結」、「自尊」所組成，要乘風破浪得靠「探索」、「愛」與「目的」來展開風帆，這三個需求也視為自我實現的具體概念，凌駕成長類需求的「超愈」。馬斯洛後期思索的重要問題是：「人性可以造就出多麼美好的社會？社會可以造就多美好的人性？」

由於馬斯洛當年尚未有腦神經科學研究的佐證，如今更新版的需求理論特別擴充，納入人類演化與神經機制的觀點。其中，馬斯洛稱為歸屬感的需求，新版將之修改為連結的需求。有關連結需求的定義為：「形成為維持至少幾段正向、穩定且親密的人際關係。」包括兩個次需求，一是得到歸屬感、受人喜愛與接受的需求；二是獲得親密感、相互交流與建立關係的需求。[11]

連結需求被滿足時，大腦會活化腹側紋狀體的獎賞系統，即使對方是素昧平生的陌生人，你也會感到開心。最強的連結莫過於熱戀的情侶，大腦獎賞系統活化的程度確實不一樣。安德烈斯・巴特斯（Andreas Bartels）和薩米爾・澤基（Semir Zeki）請參與研究的學生確定自己處於「瘋狂熱戀中」，然後將他們送進 fMRI 掃描，讓他們看著情人照片，還有同性別、年齡相近的友人照片，會發現熱戀大腦對情人的反應相當愉悅，這是第一個對浪漫愛情的 fMRI 研究證據。[12] 難怪熱戀情侶想膩在一起，日夜思念，還能無視彼此的缺點；不過，「從此過著幸福快樂的日子」是另一種大腦狀態，由催產素（oxytocin）扮演著重要功臣。

催產素這神經傳導物質值得認識，我再來舉個原始部落的例子。保羅・札克教授（Paul J. Zak）到巴布亞紐幾內亞（Papua New Guinea）雨林裡一個偏遠村落馬爾科（Malke）作研究，研究設計很簡單，選擇一些馬爾科的族人進行抽血，跳一段向祖靈祈禱的傳統舞蹈，然後再對同一批人抽血。一開始擔心馬爾科的族人會因為從來沒有看過醫生，沒有抽血的經驗，不肯協助進行研究，好在有二十個男性願意接受挑戰。依照研究程序，抽血後，穿上草裙和毛皮進行儀式，跳完舞之後他們的血液裡果然分泌出了催產素，代表原始部落這類傳統儀式能促進連結，讓族人們更加地團結和合作，這對生存很重要。

保羅・札克是信任生物學的重量級人物，也是催產素的代言人。他把催產素稱為「道德分子」（moral molecule），因為分泌催產素會使人轉變成對他人比較友好，願意與他人合作。催產素一秒就能釋放，且可以在大腦內維持二十分鐘，與多巴胺交互作用，讓我們覺得彼此的互動是愉快的。札克對組織文化有很特別的定義，在《信任因子：信任如何影響大腦運作、激勵員工、達到組織目標》（*Trust Factor: The Science of Creating High-Performance Companies*）一書中他建議：**「設計出一種能讓催產素在一天中受各種正面的社交互動刺激而多次分泌的組織文化」**。[13] 這種句子可不會出現在傳統管理學者的文章或書籍裡，因為過去未能了解信任運作背後的神經生物機制，但如今的領導人卻可以從這個新觀點來思考如何讓團隊成員信任。

然而，有研究發現，催產素雖然會強化信任合作關係，但對象多以自己親近的熟人為優先，且不一定會擴及陌生人。而演化促使人類渴望社交、建立連結，擔心失去連結的不安全感讓人恐懼與痛苦，所以在重要的人際關係上，請善用催產素以建立信任，然後多點溫柔與慈悲。

建立正向連結

運用語言有助於創造連結感，因為人們很容易產生內、外團體（in-group / out-group）的區別。內團體的成員在團體裡有身分、具有歸屬感，以「我們」來認同彼此，也差別對待「他們」，所以，在領導技巧上常會建議多說「我們」，少說「我」。

某間顧問公司專門協助企業挑選執行長，因為國外企業比較能接受外部空降的領導人。這間顧問公司的作法是透過面談，約五小時左右，進行一項「CEO基因解密專案」，分析一萬七千筆面談的逐字稿資料，過程中候選人會細數他們的個人功績，結果發現，實力差的候選人在言談中使用「我」的次數是其他人的兩倍；至於談話時提到「我們」比例較高者，則被認為較重視團隊表現，脫穎而出的機會自然大。

由艾琳娜・波特羅（Elena L. Botelho）和金・鮑威爾（Kim R. Powell）撰寫的《CEO基因：四種致勝行為，帶他們走向世界頂尖之路》（*THE CEO NEXT DOOR: The 4 Behaviors That Transform Ordinary People into World-Class Leaders*），書中歸納出四種致勝行為，包括果斷決定、從交際中創造影響力、力求沉穩可靠及大膽調整。對於有心想要坐大位的人，建議你有三種快速攻頂的方式：第一種「大躍進」，係指接掌自己不熟悉的領域，主動迎向挑戰，脫離舒適圈；第二種「大混亂」，在面臨重大危機逆境時沒有選擇跳船，反而在分秒必爭的決策壓力下，帶領團隊安然度過；第三種「以退為進」，願意先屈就較低職位或新創事業，抑或轉換到規模較小的企業當CEO，證明自己的實力。[14]

對於想要創造連結感的領導者，或正要參加領導者甄選的人，建議請習慣用「我們」來造句，再加入另一個創造連結感的詞。某項研究內容為：先讓參與者跟自己同組的人碰面，再分別各自待在房間裡解決有難度的謎題。然後，其中一組被告知，即使自己一人在房間裡，他們的團隊仍會「一起」進行任務；另一組則不會聽到「一起」這個詞。實驗結果，「心理上一起」（psychologically together）的那組，投入的時間比另一組多了48％，且解決了更多問題，記憶更清楚，也比較不勞累。該實驗僅操控「一起」這個社會提示（social cue），即顯示出「你」有所歸屬、有所連結，團隊可以跟「你」合作達成相同的目標。研究顯示：團隊可讓人感受到「在一起」，即使實際上並未處在同一空間裡。[15]

所以，雖然沒有碰面，在連絡訊息時仍可以多使用「我們一起」的句子。例如有一次學生心情不佳，用line跟我說「有點想休學」，我問要不要來聊聊，她說「今天聊聊會崩潰」，我秒回「太棒了！我們一起崩潰」。

當然如果可以跟真的人在一起，效果也會彰顯！有研究想讓大學生估算一塊斜坡的坡度，實驗分成獨自一人和有人作伴兩組。結果發現，跟朋友一起做實驗的那組估計出來的坡度比較平緩。此研究結論出社會支持的心理感受可以影響視知覺。[16]如果想要挑戰一件比較困難的事情，記得可以先約位朋友；若找位和自己感情好的朋友則更加有效，哪怕他只是在一旁無所事事。所以，千萬別小看了陪伴的能力，如果有人想找你一起無所事事，這可是一種讚美。

博多．楊森（Bodo Janssen）是德國連鎖旅館集團「自由盟約」（Upstalsboom）的執行長，二〇〇七年因父親空難驟逝而接班，經營面臨困境，且在二〇一〇年的內部意見調查結果中，竟然有員工說希望能更換老闆。大受打擊的他決定去修道院，參加本篤會修士古倫博士（Dr. Anselm Grün）的企業靈性領導課程（據說一年前就額滿），古倫博士發現許多企業領導者根本沒有「和自己的心靈相遇」，楊森在此學到的一課是「能夠領導自己的人，才能領導別人。」

於是楊森開始認識自己：「為什麼我是現在這個樣子？」後來他開始轉向認識

企業文化，希望能徹底轉變企業文化。他自問：「我能夠帶給員工們希望嗎？希望我們所做的工作是美好的？希望我們之間的相處和互動愈來愈人性化？愈來愈誠摯？」於是他以意義和人為導向，把協助員工成功當成領導職責。二〇一七年德國《哈佛商業經理人》雜誌聲稱，該旅館集團的改造是「德國企管界最重要的轉變」。古倫博士認為企業成功的指標之一是讓員工下班能抬頭挺胸地回家，對於「一起」這件事，古倫博士的描述很清晰：[17]

當一家公司在路途上前進時，總會有一個目標。在徒步前行當中，我們感受到並肩同行的愉快。在徒步時我們經驗到彼此之間的合作與相處，是一種美好的人際關係。我們有一個目標，且這個目標連結著彼此，使我們興致高昂地朝目標前進。

北卡羅來納大學心理學教授芭芭拉．佛列德克森（Barbara L. Fredrickson）提出正向情緒的擴展與建構理論（the broaden-and-build theory），她鑽研「愛」，不同於其他正向情緒（喜悅、樂趣、感激或希望），她認為大家對愛想得太多了，根據她研究的定義：「愛就是連結」，學術上稱為「正向性共鳴」（positivity resonance）。

「正向性共鳴」產生的條件包括：①你和對方具有某種或多種共同的正向情緒；②你與對方的生物化學反應以及行為動作產生同步效應（synchrony）；③兩人之間具有映射性動機（reflected motive），彼此在意且相互關注。此三個條件需積極主動、瞬間發生，哪怕是簡單的小動作也算。這種愛法完全不限定於任何的關係或承諾，它有四個非語言特徵：微笑、手勢、靠近與點頭。至於社群媒體的對話，因為沒有身體上的參與，不算是共鳴；兩人牽手卻沒有愛意的眼神交流，也不算。

例如有一次我看到麵包店架上擺放著幾個克林姆麵包，通常麵包師傅會在上頭擠幾圈螺旋狀的裝飾，其中有一個畫的是愛心，我立馬把它夾到盤子裡，結帳時櫃台人員有點小驚訝，手比了一下麵包上的愛心，我點點頭，我們相視而笑。對於警察單位也是，民眾若願意多多給予警察正向性共鳴，相信這樣的連結會帶給警察們不同的感受。我有個學生是從科技業轉換跑道當警察，受訓完分發到單位工作兩個月，正逢選舉期間，勤務時間長又無法休假；某天晚上淨空道路時，有位小女孩跟他手比了一個讚，他回去一直重播密錄器的影像，然後他告訴我，感覺當警察很值得，但這連結其實只有兩秒。

正向性共鳴產生之前，兩人互不相干，各有情緒，但共鳴的那一瞬間，兩人連結在一起且共同散發正向情緒。這些連結多多益善，但前提是在有安全感的情況下。當工作環境充滿正向性共鳴，便可提高員工催產素水準，使人際關係更融洽、更體貼，身體也更健康；至於要求員工戴微笑面具的情緒勞務，這種非出自內心真誠，沒有人會喜歡。正向心理學課程常使用記錄「每日三件好事」，佛列德克森則建議可以改成「每日三件愛意連結」，讓自己刻意成為連結者。

她有個學生傑瑞米．威爾斯（Jeremy Wills）擔任非營利組織「為美國而教」（Teach For America）的老師，滿懷熱忱地到偏鄉的高中教數學。儘管這是他的夢想，但學生的底子差又不太想學，上課氣氛死氣沉沉，他挫折到連走進教室都會害怕的程度，於是他決定改變策略，先搞定連結，開始跟學生聊天，認識學生，也教導正向性共鳴的概念，結果學生開始出現不同的反應，互相加油打氣；數學課漸漸有起色，大家成績進步不少，甚至感覺人生有望，自己也終於可以好好睡覺，不再掉頭髮了。後來這些學生中，有人寫信給教授：「**親愛的佛列德克森博士，謝謝你教會威爾斯老師＋蒂莎和凱利**」，這封信被她裱框起來激勵自己。[18]

疫情期間更突顯師生建立連結的重要性。巴西因為學校停課，政府決定在電視上播放教學內容，雖然錄製團隊已經精挑各科的名師授課，但參與學習的意願低落，學生覺得那位不是「自己的」老師，沒辦法產生情感共鳴。[19]同一個想法，我套用在自己的教學上，尤其是第一堂課，多一些互動；儘管學生不排斥老師上課聊些風馬牛，但目標是要達成正向連結，所以重點是和學生聊聊。研究室中有張畫，內容是一棵長滿愛心的大樹，有些彩色葉片落地，旁邊一棵小愛心樹長出來。學生說大樹是我、小樹是她。後來再送我一張抽象畫，作品命名為「依心而行」，我裱框掛在牆上，望著這些激勵自己可以付出更多的愛。

《一個領導者的朝聖之路》（*The Camino Way: Lessons in Leadership from a Walk Across Spain*）的作者維克多・普林思（Victor Prince）在踏上「聖雅各之路」（西班牙文為" El Camino de Santiago" ）的三十天過程裡，領略了這條千年古道的精神，也反省自己過去的領導表現，其中一項是開會前的閒聊。他認為好的領導者要有效率，廢話少說直接切入正題，節省時間。朝聖之路一路走來，大夥樂於彼此問候，哪怕只是一個單純的微笑就能讓人覺得受歡迎，遇到熟面孔更是高興。有此一說，在聖雅各之路上，若你和某人走上一英哩路，就可知道關於他的一切，卻不知道他姓什麼。建議你，走路時別戴著耳機，否則會錯失與人對話和互動的機會。[20]

若想要默默的進行連結也可以。愛荷華州立大學的一項研究裡，請學生繞著某棟建築物步行十二分鐘，在途中遇到人時，分別執行不同的任務。研究對象分成四組，「愛與仁慈組」（loving-kindness）要求在心裡發出願對方快樂的祝福；「相互連結組」（interconnectedness）要求想著跟對方可能有什麼連結或希望建立什麼樣的關係；「向下社會比較組」（downward social comparison）要求和對方比較，看看自己有哪裡美好；控制組則是仔細觀察對方的衣著造型等外在裝扮。結果發現「愛心與仁慈組」最能降低焦慮感、提高同理心與連結感。這結果也啟發我在學校推廣此研究，警大學生為了畢業時能一舉通過國家考試，大四便開始埋頭苦讀，難免心情焦慮，所以我鼓勵學生走路、散步時，可在心裡對人發出祝福。[21]

《壓力下竟能表現更好》的作者曼克斯從頂尖執行長的訪談中得出，和普林思略同的看法：真正的領導能力是一種持續的過程，由領導者發動，然後與被領導者之間產生共鳴與反饋，他們之間很熟練正向連結的技巧。社會神經科學家利伯曼認為，在職場上強化社會連結是一種「正面可再生資源」，大腦會觸動獎賞的系統。建議組織不一定要花大錢給予福利，只要善用正向連結，還有可能增進團體福祉。將這個定義對比所謂的「資源有限性」會發現，有限性會帶來競爭，例如國際政治紛亂背後常有石油因素的干擾；但太陽能是可再生的能源，將再生能源的比重提高的話，可假設萬一發生石油危機也不會讓經濟受創嚴重。

此外，我們會以陽光來形容一個人的溫暖特質也正因如此。擅長激勵的領導者會帶來「向陽效果」（heliotropic effect），部屬樂於親近，就像植物趨向陽光一樣；如果遇不到激勵的人，就請到戶外晒晒太陽吧！

關係網絡的激勵

勞動部二〇一八年的職場幸福調查結果顯示，受訪者最重視的是「工作氣氛融洽，快樂工作」，占百分之五十五點四六；其次是「擁有優渥的薪資待遇」，占百分之五十點三七；第三為「擁有穩定工作，扮演快樂的小螺絲釘」，占百分之三十六點九四，可見員工對於社會連結的期待，若能在工作中感受正向連結就會產生幸福感。[22]

我以前有位主管會買厲害的菜包給大家分享。為了提醒大家不用帶早餐，我設計一張小海報，取名「菜包日」，貼在辦公室的白板作預告（當年沒有社群媒體）；偶爾我們會辦「米粉日」，請學校的廚師炒一大盤米粉當午餐；還記得有個學長比較容易被惹毛，因為學長喜歡吃仙草、豆花，所以主管一發現學長心情不佳，我大概就知道又有口福了，主管會訂甜點給大家，緩和工作氣氛。

根據哈佛大學生物物理學家艾莉森・希爾（Alison Hill）的研究證實，正、負向情緒具備疾病傳染的散播模式。在社交網絡中，若你接觸一個知足的人可以提高2％的知足程度，但若接觸一個不知足的人所造成的負面影響是加倍（4％）；知足的傳染力比較持久，可達十年，是不知足傳染力的兩倍（5年）。[73] 為什麼研究團隊會知道一個人知不知足呢？因為該研究的樣本來自一九四八年持續進行的佛萊明罕心臟研究（Framingham Heart Study），它是美國最長期、完整的醫學研究。研究顯示，人們在回顧某些時刻，那種無比滿足的感覺特別美好，所以，知福惜福對健康很重要，請讓自己成為這樣的人，也多接觸這樣的人。

另一個行為傳染性的例子來自史丹佛大學經濟學教授馬修・傑克森（Matthew

O. Jackson）的研究，如果班上有一半的同學輟學，這班的某學生也可能會跟著輟學，所以要從人際網絡及相互影響力來思考交友圈。就社會福利政策觀點來看，他建議妥善安排幫助對象，與其在不同社區各幫助一個學生，不如在同個社區、學校幫助兩個學生。此外，我們已不再用地理位置來界定個人所屬社群，而是依據同質性和密切往來程度來界定，例如職業、種族、宗教、興趣等等。廣結人脈是職場上常用的連結策略，但數量多不一定就是好，如果有認識在人際網絡位置絕佳的朋友更好，仍提醒大家顧著拉關係、靠關係，而荒廢本職正事。[24]

既然每個人都有專屬的關係網絡，便可以採社群誘因來引導其行為。作法是改變獎勵的規則，亦即，當目標對象出現好行為時，獲得獎勵的是他的夥伴，有別於一般獎勵設計以目標對象為個人誘因，例如若員工A行為表現良好，得到獎勵的是員工B。麻省理工學院教授艾力克斯・山迪・潘特蘭（Alex “Sandy” Pentland）的研究在測量人際社群的互動狀況。結果發現，與目標對象互動密切的夥伴，採取社群誘因的成效優於個人誘因。而此關鍵在於，遠近親疏會影響社群關係的獎勵效果，誰是有影響力的夥伴則是依「直接互動次數」而定。可以推論：A、B二個人不只是公司的同事，她們上班時會一起吃午飯，飯後還會散步聊天，她們的關係亦是朋友，甚至是閨密。研究證實了：面對面、電話交談所建立的關係才會有熟悉感，進而增加信任，也較能產生讓目標對象合作的社群壓力，若僅是純粹在社群媒體上結交則不會。這也是為什麼頂尖的業務員一定要親自見面談生意的原因。[25]

《數位肢體語言讀心術》（*Digital Body Language*）的作者艾芮卡．達旺（Erica Dhawan）提醒，在各種通訊工具發達的今日，如何表達出重視感將是職場關鍵的溝通能力，例如標點符號的使用（代表著真人歪頭、瞇眼等表情），訊息回覆速度以及內容的長短，皆要考量彼此之間的權力和信任關係。對較高階者的訊息必須即時回覆，此外句子的完整與恭敬的態度仍是上策；如果雙方交情夠可以簡略一點，慢回也不會傷害彼此感情。若領導人召開視訊會議，達旺建議可在會前先閒聊幾分鐘，談些與工作無關的事情。事實上，從實體改成遠距上班模式，一些不經意的連結像是走到別人辦公桌旁打聲招呼、茶水間偶遇的談話，常是最令上班族懷念的互動。[26]

現代人重度使用社群媒體是否會對友誼產生變化？在此引述香港作詞人林夕的觀察，他提到有一回與朋友相聚的情況：[27]

他一見面，先舉機拍了個合影，為了留住這一刻，便沒空理睬我，忙著把照片分享給生熟不分的朋友；然後，看見有人對合影回應，便又再回應，一時間真像普天同慶，是他們與高采烈去，卻竟已與我無關。

這段描述很到位。

麻省理工學院科技社會研究教授雪莉・特克（Sherry Turkle）認為數位科技透

過傳訊息、發文、上網聊天的連結方式，以致於在面對面時，無法正眼看人及好好講話，更無法招架獨處、無聊；只好低頭滑手機，對離線充滿焦慮，結果漸漸地喪失了人類既有的自省能力與同理心。她主張用「對話療法」來修復現今社會的人際連結中斷，而「眼神交會」是啟動對話療法的第一步。[28] 年輕人可能無法理解「促膝長談」這句成語，他們認為擇友條件中「訊息回覆快速」是很重要的因素，或許他們無法意識到特克所謂的面對面、即興、開放性對話正悄悄消逝的悲哀，更不用說寫情書了，對他們而言這些都是老派作風。

愛意表達無關乎老不老派，正向連結確實多多益善，所傳遞的訊息也有力量，只是面對面更給力，尤其是對你重要的人。推薦一則西班牙的實境廣告，內容是計算和生命裡重要的人還有多少時間相處，它依據雙方見面頻率和年齡的統計估算，短片中有二位摯友計算結果，這一生可能只剩下三天六小時相處，他們的表情瞬間錯愕與驚訝，原來時間經常被浪擲在其他不重要的人事物上。[29] 根據統計二〇一九年臺灣人平均每日上網時間為七小時三十九分鐘，由於疫情的因素，二〇二一年增加為八小時三分鐘，仍高於全球平均的六小時五十八分鐘。[30]若不夠警覺，滑手機更多的狀態只是在消耗時間，偏偏當初設計就是對準大腦的獎賞系統，鼓勵人們使用時間愈長愈好。

社群媒體上看似頻繁的連絡，卻不一定能轉換為關係的實質進展，大家可留意自己有多少時間在進行及從事膚淺、按讚的「友誼政治學」，或許日後會漸漸明白要付出什麼代價，這也是「數位排毒」（digital detox）商機的驅動因素。當然最好不要到最後才來排毒，對待關係重要的人，請把手機隔離，彼此享受有深度的陪伴；如果能收到手寫的情書，我想仍比截圖留存對話的感覺棒多了。

本書前面主要是介紹激勵的本質，舉例說明激勵對領導的好處，希望已經說服你把激勵的重要性提高，但不能光說不練，以下提供激勵心法，增加具體的行動力。

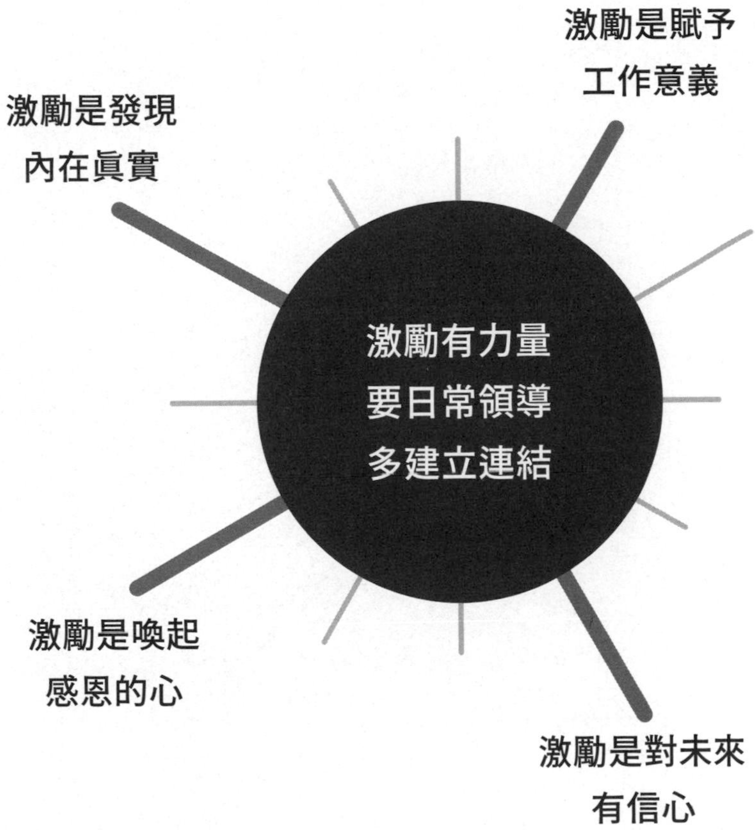
激勵是賦予
工作意義
激勵是發現
內在真實
激勵有力量
要日常領導
多建立連結
激勵是喚起
感恩的心
激勵是對未來
有信心

【四大密技】

如何展現激勵行爲

第 4 章

激勵是
發現內在真實

由於浪漫喜劇是由角色驅動，內在的衝突往往是推動故事的核心發動機。它要呈現的不是主角與反派對抗、避免讓反派得逞，相對地，它的正反對立是存在於主角的內心。

——比利．默尼特（Billy Mernit）

《浪漫喜劇寫作大師班》

隱藏版自我介紹

好的激勵一定是個人化、量身訂作，而且能夠穿透人心，知道對方是什麼樣的人，自己想成為什麼樣的人，才會產生很棒的激勵。

倫敦商學院組織行為學的教授丹尼爾．凱伯（Daniel M. Cable）、哈佛商學院的教授法蘭西絲卡．吉諾（Francesca Gino）和北卡羅來納大學布萊德利．史塔茲（Bradley Staats）協助印度軟體公司威普羅（Wipro）解決員工離職率過高的問題。威普羅負責許多企業外包的電話客服業務，公司希望英文流利的客服人員在接聽電話時要「去印度化」，因為是遠距服務，所以希望能用西方人習慣的口音和態度來回應，好掩飾印度人的身分。但該公司每年電話客服人員竟有高達百分之五十至七十的離職率，以致於要一直進行新人訓練。

研究團隊決定從開場的新人訓練著手，把新進人員分成個人認同、組織認同和控制組三組。在個人認同組中，首先提供新人一則災難情境，模擬逃生艇中的15件物品，個人依據重要性做出取捨排序；接著回答有關「最好的自己」四個問題，寫下：「最適合形容自己的三個詞」、「工作經驗中最愉快的時光和最亮眼的表現」、「工作或在家做出最自然的反應是什麼」、「如何在工作裡重現這個行為」；然後再據此進行每個人的自我介紹，訓練結束後發給每人兩件運動衫，還有個人名字的名牌，訓練期間全程配戴。一位被分到這組的新人，他想到「最好的自己」便是有耐心的教十二歲的外甥數學，他在自我介紹時陳述了這件事，更表示他喜歡幫助外甥度過難關的感覺。[1]

組織認同組則是先聽高階主管和模範員工說明公司的好處，接著回答有關「威普羅的聲譽如何讓你很榮幸地加入公司」等問題，並進行團體討論，結束後一樣發兩件運動衫，但名牌上是公司名稱。控制組則依照原本的新人訓練流程，強調公司宗旨和技能培訓。

六個月後分析研究結果，個人認同組的離職率遠低於組織認同組和控制組，顧客滿意度也較高。這個研究的亮點在於「自我表達」（self-expression），通常第一天上班的新人充滿了焦慮感；凱伯解釋，如果提供揭露「最好的自己」的機會，也聽著別人介紹自己的故事，象徵著公司鼓勵員工把「最好的自己」帶進工作裡，會產生自我肯定、激活「探索系統」（seeking system）的良性效應。

吉諾教授進一步引申該研究，她認為此舉可以培養出會自行思考的員工，讓員工在工作時能表現出最真誠、最投入的自己。[2] 但組織可能因為這些員工常打破規則或想要表現地與眾不同，而被貼上了「問題製造者」的標籤。但吉諾反而覺得這些表現正說明他們的忠於自我（authenticity），建議組織不要低估了這些「叛逆人才」（rebel talent）。我處在官僚組織的警界中，很了解這種處境，因此建議你若想要請有潛力的叛逆者提供建言，可以先觀察一下長官的心臟夠不夠強。

吉諾以創業者為研究對象，要求受試者進行募資簡報，簡報完填寫一份問卷，題目如下：「請回想在剛才簡報時，你覺得自己表裡如一的程度為何？」「請回想在剛才簡報中，你覺得自己有多真實？」然後比對評審的結果。研究發現在簡報時愈忠於自我的人，獲得金主青睞的機會高出了足足三倍，所以過度包裝（或偽裝）絕非上上之策。此外，她分析叛逆人才還具備其他四項核心能力，包括：追求新鮮感（novelty）、發揮好奇心（curiosity）、開拓視野（perspective）以及擁抱多樣性（diversity）。叛逆人才也不會不假思索的就接受社會規範的角色與期望的態度，他們絕不會放過任何可以證明它是錯的機會。[3]

我對中央警察大學大一新生進行自我表達研究，警大的核心價值是「國家」、「正義」、「榮譽」，新生理當應盡快認識核心價值。學務處安排兩小時的專題討論活動，並提供指導老師資料，內容制式化，且帶點政令宣達意味。我自行變化讓新生講述個人重視的核心價值，然後請他們自己陳述為什麼要選擇從事警察工作。測試的結果：原本正襟危坐的新生開始活潑起來，班上同學好像在聽「隱藏版的自我介紹」。

這還帶來另一個效應，就是讓新生自己說出口也等於是公開表態，好合理化自己的選擇，否則一旦略有猶豫或對警大嚴格的管教抱有滿腹委屈，易不斷憧憬外面自由的生活。相關研究指出，表態或公開承諾具有很大影響力，因為人都會想要讓別人覺得自己是一位言行一致的人；如果不一致，就會感有社會壓力，擔心可能因誠信問題而形象受損。[4] 這也是為什麼我們對於立場搖擺的領導人有疑慮，認為其沒有公信力；當然，不表態也是一種表態。

立場死硬也不是好事，《無知的力量》（*Nonsense: The Power of Not Knowing*）作者傑米・荷姆斯（Jamie Holmes）指出，決策者常為求快速解決問題，容易發生「高結論需求」，希望達成明確狀態，無法忍受處於模糊未知的狀態，更說不出「我不知道」。高結論需求者偏好循往例或維持現狀，不僅有損創意思考，更恐怕會落入刻版印象或偏見的決策模式（叛逆人才則以打破刻版印象或偏見為榮）。[5]

「髮夾彎」不表示領導人沒腦袋，尤其是在只知挺自己人的部落主義心態下，無法換位思考，而將錯就錯才是更危險的決策。《被說服的勇氣》（*Persuadable: How Great Leaders Change Their Minds to Change the World*）作者艾爾・彼坦帕里（Al Pittampalli）研究多位具有智慧的領導人發現，他們看事情不會用簡單的二分法；當出現新事證、新情勢，且更接近完整的真相時，他們保有彈性可以被說服，且有勇氣改變個人信念，推翻先前的決策，以免鑄下大錯。[6] 此外，從事檢察官、警察的人更需要凡事小心，辛辛那提法學院教授、俄亥俄州「無辜計畫」（Ohio Innocence

Project）發起人馬克．戈希（Mark Godsey）於二〇〇五年擔任一件冤案的救援律師，提出足以還無辜者清白的DNA鑑定結果，熟知檢察官不接受，當時戈希不明白這位檢察官究竟是愚蠢還是邪惡？直到他參與更多冤案後，才有了更好的解釋；大多數的檢察官和警察都是「好人」，只是具有高度的心理否認傾向，此時只得祈求能遇到心胸開闊的法官了。[7]

哈佛大學商學院曾舉辦「想像領導的未來」研討會，並詢問重量級的學者、專家，領導人可能會犯的最大錯誤是什麼？心理學家艾倫．蘭格（Ellen J. Langer）認為，應是對事情太有把握，不了解如何利用不確定性的力量。Google全球領導發展部門主管伊凡．維滕貝（Evan Wittenberg）認為是，領導人辜負別人的信任，且信任若一旦破壞，那關係的其他部分就不再重要了。而牛津大學商學院教授安德魯．佩提格魯（Andrew Pettigrew）則是認為沒有實踐自己的價值觀。[8]

我提供一張核心價值的清單，讓對方依自己的重要性挑選三至五個，沒有優劣之分。這份清單大多是美德，不會遇到地雷，只是內容為核心價值，而有些抽象。然而真正的挑戰是每天都要發生跟核心價值有關的事，要能夠活出自己重視的價值，才會覺得那天過得還不錯。舉例，有學生第一個選的核心價值是「善良」，我很高興，這樣的價值很適合當警察！先肯定學生，接著我會問「今天你有做什麼善良的事嗎？」若無，就會督促他趕快去行動。畢業學生提著伴手禮來見我，臉上藏不住焦慮神情，說在工作上覺得很悶，我馬上就知道緣由：跟沒有活出個人的核心價值脫不了關係。當場我與對方一起訂目標（或許願），找出方法調整生活與做出改變，討論完成的目標還要寫在一張便利貼上作為證據——我把它貼在牆上，讓他們用手機拍照回去看。有人甚至會寄一張更新版回來給我，想要抽換牆上的舊版，幸好「創意」是我的核心價值，也就樂此不疲。

哈佛商學院教授羅伯・柯普朗（Robert Steven Kaplan）曾在高盛集團工作二十二年，管理實務與理論皆成就卓著，他與大衛・諾頓（David P. Norton）共同研發「平衡計分卡」（Balanced Scorecard）理論，改良傳統績效衡量的結構，所以常有企業高層來向他請益，內容不見得是管理，而是人生。柯普朗發覺這些人生勝利組對於努力滿足別人期待開始產生懷疑，雖然別人認為他們成就斐然，其實他們內心感到空虛焦慮，於是把對他們的解惑寫成了《領導最好的自己》（*What You're Really Meant To Do: A Road Map for Reaching Your Unique Potential*）一書，他認為重點是，真正的成功要先認識自己，再談發揮潛能與影響力。[9]

柯普朗也曾擔任高盛集團「松街計畫」（Pine Street）的主席，這是參考奇異公司克頓維爾管理學院所設計的領導力培訓課程。其中一項名為「台上／台下真實性測試」（Onstage/Offstage Authenticity Test）：即觀察一個人面對執行長這種大人物和警衛、快遞及低階員工的應對進退有點嚴重差別對待，優秀的領導人是不會有這現象的。《我為什麼告別高盛？以及華爾街教我的那些事》（*Why I Left Goldman Sachs: A Wall Street Story*）的作者葛瑞・史密斯（Greg Smith），形容一位通過真實性測試的公司高層，當年他還只是菜鳥，第一次與這位高層見面，彷彿跟多年好友會面般輕鬆自在，而且談話時不會分心看手機。史密斯說在高盛公司裡工作的人可分為兩種人：一種是聰明絕頂但社交有問題的人，另一種是長袖善舞、手腕過人的人。這位高層是個全才，不只人緣好，還是交易廳裡最聰明的人，締造出許多傳奇紀錄。如果想要提拔有人品者，不妨可以考慮「台上／台下真實性測試」。

餐廳是一個好地點，可以觀察人是如何對待服務生的。警大因為是公費學校，餐廳便是一個極佳的測試點，在這用餐採票券兌換方式，像在美食街般可以自己選擇想吃的食物，但每天學生要先去「嗶卡」領取當日的票券。在入口處負責的「嗶卡阿姨」就觀察學生，有些人是「看高不看低」，有些人會禮貌點頭，有些人叫得出她的名字，最厲害的是有人會寫感謝卡給她，所以我只要去問阿姨就知道結果了。餐廳員工們似乎早就習慣不被尊重，只要態度上有些轉變，他們就會倍感驚訝，還會用加菜加飲料來回報善意。我故意在這裡揭露，雖然可能讓這測試失效，但我想提醒那些自以為未來要當官的學生們，不要太勢利眼。

不過，現在稍有不慎就有可能被拍下來了。Uber 共同創辦人特拉維斯．卡拉尼克（Travis Kalanick）某次搭乘被司機認出來，就趁此機會反應公司政策異動頻繁、費率不合理，導致收入更不穩定，沒料到卡拉尼克竟對司機口出惡言，影片外流後企業形象重挫，加上其他負面事件，終於在二〇一七年被要求辭去CEO職務。所以「台上／台下真實性測試」不只發生在組織內部選人的時候，平時亦可以進行。警界也有多位長官因被部屬爆料而形象重創，或者因臉書發文、網站留言凸槌，而斷送了前途；最慘的是，他們還不知道自己究竟錯在哪裡。

尋求改變與心流線索

「認識你自己」是刻在德爾菲古希臘神廟的一句箴言，這是美好人生的金鑰；雖然隱約察覺自己好像喜歡什麼、不喜歡什麼，但最安全的作法就是依循著別人功成名就的路線，或順著社會評價的成功階梯往上爬；只是當你走了一段路、爬到了高處，內心可能會開始質疑自己是不是看錯地圖、選錯階梯。

某次學生要參加保六總隊警官隊的甄選面談（工作性質是首長的安全維護），學生口才不錯，也認真蒐集以往的題目，希望我幫忙演練，可是內容聽來聽去感覺皆是場面話，但學生認為長官們比較喜歡如此，講真心話可能無法得到高分。我不敢誤了學生的前途，而沒有表達太多的意見。模擬了一小時後我聽膩了，決定改變策略，讓學生先認識自己，結果發現其個性和優勢根本不適合警官隊工作。這個學生想要在工作上發光發熱、有說服力、被別人認識，但身為首長隨扈，不能擋住鏡頭，要低調寡言、沉穩可靠，加上勤練體能，這時學生發現自己可能選錯了。如果不夠認識自己，誤以為選了一條捷徑，其實根本是在繞遠路或逼迫自己不開心。因此，激勵的第一招便是認識真實的自己。

這也是國外企業主管聘請高階教練的關鍵，知名的高階主管教練馬歇爾・葛史密斯（Marshall Goldsmith）認為改變的動機要發自個人內心，他沒辦法「叫」人改變，否則看起來會很虛偽不真實。他希望協助客戶改變的不只是行為，還包括對自己的定義，建立新的身分認同（identity），幫助他們成為想要成為的人。[10] 葛史密斯對高階主管進行教練指導的第一步驟就是取得情資，他先從該主管的同事們獲得匿名的意見回饋，再分析哪些做得好、哪些需要改變，然後詢問對方「想要改變什麼？」[11] 因為領導人不見得是靠覺察力步步高升的，坐上了領導職位，固然自信心加倍，但缺乏覺察力、不了解別人對自己的看法者大有人在，並不罕見。

根據葛史密斯三十多年高階主管的經驗，歸納出「我們為何沒有成為我們想成為的那個自己？」主要有三個原因：①我們不承認自己需要改變、②我們低估了惰性的力量、③我們不知道如何執行改變。[12] 因此，葛史密斯提醒領導人，先辨別出哪些是願意改變的人，別浪費時間在還沒想要改變的人身上。[13] 職場上若遇到有教練肯指導是非常可貴的（昂貴），如今這類服務開始在國內興起，領導人的進化可以提升周遭員工的生活品質，有心者不妨考慮聘請個人教練，或者從會跟自己講真心話的「諫官」友人開始，協助強化自我覺察力。

現在的對話常流於表面，能切入內心的並不多，儘管彼此的相處時間或接觸機會不算少。警大學生畢業後有很大機會擔任領導職務，我希望幫助學生發揮潛力、綻放自我，尤其是自己跑來敲門的學生，較符合葛史密斯的第一個條件，私下一對一的對談就是出手的好機會。如果能讓對方發現自己，就好像按下了隱藏開關，讓整個人驚訝起來：「原來我是這種人！」我就像位園丁般，可以辨認出對方是什麼品種的植物，知道要怎麼灌溉施肥，然後期待繁花茂盛。

組織心理學大師艾德・夏恩（Edgar H. Schein）提出「謙遜提問」的技巧。他在《MIT最打動人心的溝通課》（*Humble Inquiry: The Gentle Art of Asking Instead of Telling*）書中定義：「**謙遜提問是一門引導別人打開心房，提出自己不知道答案的問題，而且出於好奇和興趣，與他人建立關係的高超藝術。**」夏恩把謙遜區分成三大類，一是當我們處於長者或顯貴時的謙遜，二是面對成就非凡者的謙遜，三是「當下的謙遜」，即在我們覺得僅憑一己之力難以完成任務，而產生對他人的依賴感。夏恩認為只有第三類的謙遜才算是好的領導，領導人常見的盲點是過度任務導向，只在乎目標有無達成，卻忽略建立正面關係的重要性；同時，誤以為一旦獲得了領導職位，就勢必知曉該怎麼做了，而施以發號施令或說教的領導方式。事實上，領導人要破除「說」比「問」更高人一等的想法，善用謙遜提問將溝通成效大幅提升；且不可以拐彎抹角用提問來包裝個人見解，僅是維持表面樣子，其實根本沒有好奇和關心的成分。[14]

我的激勵經驗證實謙遜提問的威力非常強大，且往往跟還未接觸到對方比較核心的部分之前，有很大的印象差距，然後我提醒自己須用新的眼光來看待對方。不過，如此坦然的對話的深度，需要對方願意自我揭露，有信任基礎才可辦到。這也會讓關係出現化學變化，之後的接觸就像切換到某專屬頻道一樣，不僅可使用特定語言詞彙，還能一起創造典故，非常有趣。

史丹佛大學商學院有一門非常受歡迎的課：「人際動力學」，目標是讓學生們與人產生神奇的連結，從一拍即合到促進深交。課程其中一個重點是「脆弱性」，朗姆・布萊夫曼（Rom Brafman）和歐瑞・萊夫曼（Ori Brafman）在《第一次接觸心理學》（*Click: The Magic of Instant Connections*）書中將脆弱性分成五個層次，初級的交錯層面包括：①應酬表達層，如「你好嗎？」②事實階段層，如「你在哪工作？」③評估陳述層，如「我喜歡你今天的簡報」；進級的連結層面包括：④推心置腹層，如「其實我心裡真正的想法」與⑤巔峰陳述層，如「跟你說，我人生最大的恐懼是……」，坦白展現出脆弱性會讓人際關係升溫。警察在面對挾持人質的嫌犯時，所進行的談判也是採用這些招數，目標是希望當下快攻到第四層，運用同理心建立連結，化險為夷。[15]

雖然揭露第五層的連結效果強大，但和不夠熟的人根本不太可能直接說出「我跟你說喔……」，因此我參考了考夫曼《巔峰心態》（*Transcend: The New Science of Self-Actualization*）書中附錄的成長挑戰，製作一個量表，主要分為「害怕失敗」、「害怕遭到拒絕」、「害怕失去控制」、「害怕失去情感連繫」、「害怕失去名聲」等五類，然後在輕鬆自在的氣氛下請學生填寫，幫助大家認識自己的恐懼。[16]

學生前來大概都是有什麼煩心的事，其實有些事情只是在他們這個年紀覺得「代誌大條」（按照學生的說法是「我的世界崩潰了」）；就算確定是問題，能解決固然好，但有些非我一己之力能辦到的，因為事已發生、政策已定，或已是無法逆轉的事實。基本上，凡事都存在著多面向，我想辦法將同樣的事情講出不一樣的故事來，引導學生思考其他角度，技術上稱為「認知再評估」（cognitive reappraisal），尤其是對於情緒性事件能重新解釋，以正面反應來取代，削弱當事人杏仁核聯結恐懼的反應；也可以幫忙劃上心理句點，切割事情，哄勸對方告別舊我、長出新我，展望未來的可能性。

很感恩可以接觸、探索和欣賞到學生的內在世界，過程實在談不上什麼太高深的心理分析，也未探其童年的創傷。我很少問「為什麼」，反而常問「你想要什麼」，前提是自己的真實度要呈現出來，不能虛假。因為在心敞開的情況下，對方一定會感應到的，而且現在的學生對於「偽善」很敏感。想要一切順利進行，一開始就得掌握對方的核心價值，也才能知道對方重視什麼。有時我一邊聽、一邊忍不住覺得學生糾結的點還滿可愛的，談一談之後，對方就會知道問題根本不像自己定義的那樣或有那麼嚴重。

當事過境遷，想法也會出現轉變，比較能夠真正地看見事件帶給個人成長的機會。棘手的狀況往往是，極為優秀的學生說自己沒目標，疑似「空心病」（不知道年輕人的厭世是不是一種流行），所以要努力找出對個人有意義的事。有間貴族學校告訴老師，他們的挑戰是：「**幫助學生擴大對幸福與幸運人生的概念**」；能進這間學校的學生都出身良好，學校竟沒有教他們追求成功或勝利，令人不可思議。不過，我很認同這個想法，也喜歡發掘醜小鴨學生，然後對他說「其實你是隻天鵝」，最好有機會親自見證他們大變身。[17]

說故事大師傑·歐卡拉漢（Jay O' Callahan）建議：「**如果我們的眼睛永遠都**

在尋找缺失，便開始失去能察覺美麗的直覺。」[18]谷歌（Google）也用這招改變公司看員工的角度，早年的同儕回饋是要求列出某人表現傑出，以及有進步空間的事各五件；後來只問哪件事做得很好，是否可以再更厲害些。[19]亞馬遜（Amazon）公司的員工考核則是要求列出自己的「超能力」，這樣就只需要專注在個人優勢上即可，更能知人善任。[20]

蓋洛普公司（Gallup Organization）一項領導力調查發現，平庸的領導人像是在下跳棋，傑出的領導人則像在下西洋棋。跳棋規則是每個棋子都相同而且方向一致，但西洋棋的棋子有階級，每個棋子的走法與吃法皆不同。傑出領導人會了解員工的特質細節，甚至是怪癖，然後適才適所，激發員工的動力與自信，並強化團隊的相互依賴性。[21]

至於要如何發現個人優勢的線索呢？這個問心理學家米哈里·契克森米哈賴

（Mihaly Csikszentmihalyi）就對了。他提出了「心流理論」（Flow），人在心流狀態下會專注到忘我，不知不覺時間飛逝。一般上班族總是渴望下班放鬆或放假時有休閒活動，從心流來觀察，其實這些時間並不多，反而在工作時比較容易產生心流，因為目標明確、有挑戰性是心流的重要條件。被《時代雜誌》喻為「心靈之王」的狄帕克．喬布拉（Deepak Chopra）對心流有精準的形容：[22]

你處在那個時刻，並且是自發的，而且沒有遺憾、沒有期待，沒有一個自我的意識和你正在做的事分開。

我在研究室擺放一張已故鋼琴家格連．顧爾德（Glenn Gould）演奏巴哈《郭德堡變奏曲》的黑白照片，他邊彈邊唱，鏡頭非常自然，有淺淺的歡愉，可以感受到他陶醉在心流狀態裡。[23]

心流理論採用的研究方法稱為「經驗取樣法」（Experiences Sampling Method），

每天固定記錄情緒變化，例如寫下人在何處、做什麼事、想什麼、有誰為伴，然後自評情緒狀態（1為傷心、7為非常快樂），慢慢地就能呈現出日常活動的情緒變化。[24]有別於單次橫斷式的問卷調查，讓受訪者回憶當時情緒。經驗取樣法可以在真實生活的一天內蒐集受訪者多次、立即性的資料，且連續蒐集一段時間，契克森米哈賴的研究就累計了好幾萬筆資料。

契克森米哈賴認為多數人對自己的感覺所知有限，常分不清楚自己快不快樂，對時間運用也沒有警覺性。他曾訪談近百位各行各業的創造性人物及諾貝爾獎得主，發現這些人對情緒很敏感，會投入時間在跟自己情緒共鳴的事物，並且樂在其中；他們最常說的話是：「你可以說，我一生每分每秒都在工作；也可以反過來說，我從未工作過一天。」契克森米哈賴認為，好的社會應該鼓勵人們追求挑戰、發揮潛能，因為心流體驗會讓人變得更複雜且自我成長。[25]

懂得尋找心流的人，較能夠掌握自我意識，會刻意增加這類體驗，因此時間不會虛度，所以心流裡的快樂，不屬於無所事事的快樂。

製造記憶的隆起

根據記憶的理論，激勵其實有個關鍵期，記憶專家杜威．德拉伊斯瑪（Douwe Draaisma）以記憶的「隆起」現象指出，人生裡有些記憶之所以特別深刻，是跟年齡因素有關。以百歲人瑞或年長者為對象的研究，發現人在二十出頭或工作剛起步時，回憶起來的細節特別多，卻不一定跟事件的重大程度有關聯。所謂的「懷舊」，其實每個人記憶特別深刻的是年輕時光；檢視多人的回憶錄或自傳，通常年輕時的篇幅會佔比較多，因為正可以說明人生重要事件「是如何開始的」。此外，德拉伊斯瑪亦解釋為何不同世代對音樂偏好有差異，因為人們總是覺得「流行音樂的黃金年代停留在我二十歲左右，之後就開始變糟了。」（非常好笑，但這是真的。）[26]

在學校接觸的學生大多是十八到三十五歲的年齡層，經驗上發現大學部的學生太嫩，給了意見也不一定領情，因此最好是由他們主動，所以須耐心地等待有緣人出現。然而對於畢業學生和論文指導的研究生來說，激勵帶來深層影響的可能性最高，他們已經出社會有幾年的工作經驗了，能摸清楚自己的個性以及在工作上的優劣勢，且成熟度和領悟力較強，能夠看出他們的改變，這樣的激勵CP值還不錯。

我自己回顧生命中的貴人，也多是在我二十幾歲時出現，助我確認自己的性格不適合從事警察實務工作，過多創意可能會讓長官們受不了。我喜歡閱讀和思考，很幸運這正是我現在的工作，感謝這些貴人幫助我認識自己，他們都是我的天使。二十幾歲這個年齡通常是剛踏進職場的新人最茫然、最容易蹉跎的時候，既然此生命階段在記憶上具有決定性的影響，所以拜託各位領導者一定要把握時機，不要吝於激勵新人。

雖然我還不到可以被研究記憶隆起的年齡，但每到年底時就會發現怎麼又過了一年。有一次寫卡片問友人，有沒有覺得日子過的速度變快了？並不是說這一年過得很清閒，比較可能是這一年的記憶沒有太多的隆起。紐約大學心理學教授莉拉·達法奇（Lila Davachi）說：「**時間就是記憶，我們想要有更多的時間，但其實真正想要的是更多的記憶。**」[27]

大腦喜歡新奇，情緒化的體驗可以提高對事件的記憶力，因此建議可以多在日常生活中刻意地變化或注入驚喜，用全新的眼光看事情，不然日復一日會讓你的生活過得像例行公事般。《驚奇的力量》（*Surprise: Embrace the Unpredictable and Engineer the Unexpected*）作者塔妮亞·露娜（Tania Luna）與黎安·倫寧格（Leeann Renninger）喜愛鑽研「驚喜學」（Surprisology），創辦一間提供驚喜體驗的公司，打造出人意料、個人化的體驗。客戶反應的順序往往是：驚呆、發現、改變、分享，這個順序可以給體驗經濟的業者很好的啟發，即設計活動要加入驚喜元素。此外，她們注意到當有人提到重要或特別的事情，就將這事記錄到驚喜檔案裡，日後可以策畫驚喜。因此，建議大家帶著好奇心、勇氣與玩興走出舒適圈，在不期而遇之處找到貨真價實的快樂。[28]

會策畫小驚喜給學生，記住她們喜歡吃的食物或水果，再親自宅配到宿舍，放在留守桌，她們私下戲稱這是「餵食」。警大有生活管理，平日學生無法像一般大學生一樣自由外出購物，孰知這個限制反而將驚喜效果稍稍放大了。我通常會一早就宅配過去，希望讓學生從早上開始就擁有美麗的心情，很多時候我在準備東西時，我自己就開心起來了。

倡議「玩樂智能」（playful intelligence）的安東尼．德班奈特（Anthony T. DeBenedet）列出可透過「想像力」、「社交力」、「幽默感」、「自發性」、「驚歎力」等五種能力來培養玩樂智能。其中，關於「驚嘆力」的重點是要對驚奇的門檻往下設立，這會改變我們體驗世界的方法，促使我們活在當下；可惜多數成人的門檻太高，只好仰賴新事物、新經驗設法避免日子過得單調。[29] 激勵也該設低門檻；當有人激勵我們，可表現出驚嘆感，如果面對面的話，更可以發出驚喜的聲音。

某天我跟同事閒聊，她不經意提及當年在坐月子中心時，學校長官來探望，她們在職位有一大截差距，且並非直屬關係；同事說當這位長官出現時，讓她覺得彷彿就是警大校長前來，令她驚喜和感動不已。哇！我從來不知道這點小小的作為竟會讓當事人如此感動，可見，長官的關懷可讓基層同仁相當有感，但須自發否則會很像政治公關秀。

如果想製造畢生難忘的回憶，不妨考慮聘請「阿拉丁神燈真人版」的史提夫．辛姆斯（Steve Sims）策畫，其綽號「藍魚哥」（Bluefish），這也是他的公司名，專長是使命必達，讓客戶美夢成真；例如「用 007 情報員身分度週末」、「乘潛水艇去看鐵達尼」、「跟海豹特種部隊一起訓練」、「在米開朗基羅的雕像腳下享用六人份私人晚餐以及男高音波伽利（Andrea Bocelli）的獻唱」等。以007體驗為例，行程如下：自蒙地卡羅出發，結束則在莫斯科，可以駕駛藍寶堅尼的炫富超跑，途中和性感美豔的龐德女郎相遇，還會莫名其妙被情治單位綁架，這真是超奢華的終極體驗啊！藍魚哥建議要拋開「我不可能啦」的想法，改問「有何不行」，盡情暢快人生，不要把這些體驗當成遺願清單。[30] 光是文字想像就覺浮誇，但我僅是想舉例說明策畫驚喜是怎麼回事。

時間不是問題，重點是製造記憶。

我開始以一週的時間為單位，留意什麼事會讓記憶隆起。特殊事件可以，應酬飯局很難；參加會議則不一定，除非我有精闢發言提供具體貢獻，或是跟與會的人聊天，多認識對方；在研討會上發表論文也不錯，事前設計簡報就會進入我的心流，儘管報告時間可能只有短短的十至十五分鐘，仍可讓記憶深刻。跟人的真心對話會使記憶隆起，因為可以回憶對話的細節，如果讓對方情不自禁地掉淚，那就是「耶！賓果！」

「Sowubana」是南非祖魯語問候你好的意思，它也有「I see you」的意思，除了指眼睛看見對方的存在，還要用心感受對方的心、內在渴望與獨特性。我希望自己透過激勵，有機會瞥見對方的真實，而且讓對方知道我所看到的美麗，讓對方比自己以為的更有力量。這樣的突破必定可使記憶隆起，可能還會記住一輩子。所以建議領導人練習激勵的首要步驟，最好一開始就協助對方認識自我。此外，做自己的意義是「做更好的自己」，我指定學生回顧入學後的改變，類似「改版」的概念；就曾有學生決定在大學四年內要讓自己改版二次；其實可以改版很多次，厲害的人是「日日新」。

第 5 章

激勵是
對未來有信心

在物理科學中，原因和結果的關係一清二楚；在行為科學中，原因和結果的關係複雜多了，有原因、情境、意義、情感、結果……等。

——羅里．薩特蘭（Rory Sutherland）

《人性鍊金術》

播下黃金種子

當老師的好處之一，就是當你利用身分權威來激勵學生時，學生較容易相信你說的話；關於如何看待學生曾聽過一個葡萄酒的比喻，有的年分很棒；有的陳放久一點，喝起來更順口。每個人的成長過程可能都會有一些條件因素與機緣變化，以品酒作類比，對那些適合陳久的人，對其激勵的方式就是多給一些信心。

誠如佛洛伊德所提的「黃金種子」概念，管理學大師查爾斯・韓第（Charles Handy）做了很好的引申：他觀察成功人士的共通點之一，即在人生早期就獲得了「黃金種子」。在《你拿什麼定義自己》（*Myself and Other More Important Matters*）書裡解釋，老師、主管都是很適合播種的人，種子可能只是無心的一句鼓勵，在恰好的時機放入，表達出自己對當事人的信心。但黃金種子很少在正式的場合播下，也勿將大把種子亂撒，需真心誠懇，或透過匿名方式。如果有順利開花結果，亦即所培育、指引的人日後成就不凡，建議不要居功，要把與有榮焉藏在心裡。[1]

但黃金種子長什麼樣子？領到種子的人知道嗎？

麻省理工學院裡提出社會變革「U型理論」（Theory U）的奧圖．夏默（C. Otto Scharmer）就是很好的例子。夏默在讀大學時非常景仰哲學家維多里歐．賀斯勒（Vittorio Hösle），他閱讀賀斯勒一千多頁的鉅著後決定大膽求見；意外的是，大師級的賀斯勒不僅跟他見了面，還親切地回答他的提問，最後要結束離開時，轉身對他說：「你知道，我對你的將來有很深的期許。」這句話就是夏默的黃金種子。他回憶當時發生的經過：[2]

也許他的說話對象不是我知道的自己，是在對另一個部分的我說話，他看得見，而我看不見。這一切都發生在也許是五秒內，然而感覺起來卻像是過了半個永世一樣。在那一刻，我有種奇怪的感覺是，被稍稍往上帶入那未知充滿可能性的空間裡。

「他看得見，而我看不見。」信心就是這麼回事，而且影響深遠。

這種子非同小可，U型理論的特色是主張社會變革要向「湧現中的未來」學習，而非延續過去的成功經驗或舊思維模式。夏默提醒，我們已經集體創造出幾乎沒有人想要的結果，此時正處於深度可能性與破壞的時刻，有必要把社會的作業系統升級，讓集體的旅程轉向。至於要如何升級，U型理論指出「內在條件」（interior condition）是關鍵。何謂「內在條件」？夏默以看一幅畫的三個層次來解釋：第一個是聚焦在這幅畫須具備的藝術價值，第二個是創作這幅畫的過程、技法，第三個是創作者站在空白畫布前在想什麼。就時間概念上，分別是創作出來後、在創作期間以及創作開始之前。第三個層次正是內在條件，也就是源頭，它看不見卻影響深遠，得留意的是看不見的事經常被我們低估。

我很喜歡這個解釋。有一次學生上台報告，其簡報設計風格很奇特，選用的圖片和文案有點類似地獄風，我有些擔心就問她：「在一開始打開 Power Point 的空白頁時你在想什麼？」果然發現學生最近過得不太順利。還有位學生拿油畫作品給我看，想知道我的看法，這是第一層次的觀點；但我對油畫並未具有什麼鑑賞力，幸好我知道她只是個初學者，僅是想培養興趣，所以第二層次的技巧性問題就簡單跳過。於是我問她看著空白畫布時在想什麼？發現她想要有機會散播愛，卻覺得自己的力量有限，只好用畫畫來宣洩。

U 型理論的變革屬於「覺知型變革」（awareness-based change），強調生態系統的思考。該理論關切個人、團體和組織要怎樣才能感知並落實未來最高的潛能。所謂的領導能力，係指「共同感知」（co-sensing）和「共同塑造」（co-shaping）未來最高的潛能，這說法在領導理論中獨樹一格。我很喜歡U型理論，不只是因為它聽起來很酷，還因為我對它能創造出的真正變革有信心，我相信領導人的覺知是關鍵，有覺知的領導人會帶給組織變革創造的有利條件。

馬也可以撒下黃金種子喔！美國賽馬三冠王大賽之一的「肯塔基賽馬大會」（Kentucky Derby），在二〇〇九年時有十八匹馬參賽，大爆冷門的「天鳥翺翔」（Mine That Bird），從空拍畫面看到，一開始牠跟其他馬擠在一起奔跑，現場播報員也不曾提到沒沒無聞的牠，後來牠竟以驚人的加速度殺出重圍，直奔終點贏得勝利。牠的騎師卡爾文·伯雷爾（Clvin Borel）說：「我一直把牠當一匹良駒來駕馭。」[3]這個超激勵的傳奇被拍成了一部電影，片名就是《50：1》。史上最強的三冠王馬是「秘書處」（Secretariat），牠在一九七三年的肯塔基比賽中締造出一分五十九秒的紀錄，至今仍未被打破，而使肯塔基的賽馬會被喻為「體育界最令人興奮的兩分鐘」。

冰島有一位馴馬師寫信感謝哈佛大學教授艾美・柯蒂（Amy Cuddy），因受到柯蒂在TED演講的啟發，決定激勵一匹內向的馬「瓦飛」（Vafi）。大家認為瓦飛很普通，只是一隻小孩子在練習用的馬，沒有人將牠當成賽馬。柯蒂在《姿勢決定你是誰》（*Presence: Bringing Your Boldest Self to Your Biggest Challenges*）書中探討「權力姿勢」（power posses），透過擴張身體來改變感受，有自信的上場並展現最佳狀態；不是要人假裝擁有某種能力，而是打破阻礙，流露真實自我的障礙，無畏地相信自己。她還建議在面對重要挑戰時，運用伸展、擴張、放鬆的高權力姿勢來提高自信，如果當場身體不宜做出動作，就在心裡想像自己擺放那些姿勢。馴馬師採用柯蒂的方法，用高權力姿勢訓練瓦飛，讓牠學會當一匹驕傲的馬，接下來就是在比賽中讓專家跌破眼鏡的故事了。[4]

當初柯蒂與丹娜・卡尼（Dana Carney）、安迪・葉普（Andy Yap）的研究團隊讓四十二名參與實驗者隨機分組，分別做出高、低權力姿勢後，再額外提供二美元，詢問他們是否願意玩丟骰子賭一下，讓錢翻倍或輸光。結果高權力姿勢組有較多人願意冒險一試。由唾液的前後測量來分析，高權力姿勢組出現睪固酮上升、皮質醇下降的荷爾蒙變化。此外，亦請實驗者評估自己的權力感受，高權力姿勢組表示更有掌握感。[5] 該研究在柯蒂超有感染力的TED演講後造成了極大迴響，甚至以「神力女超人姿勢」來暱稱。然而，其他研究團隊以更大樣本進行類似實驗時，卻沒有出現神奇的荷爾蒙變化，但在受試者主觀自評的權力感上還是有明顯落差。

雖然學術圈對權力姿勢的研究結果有不同看法，連帶減損柯蒂的光環，但卻絲毫無損我自己的練習，重要時刻中我會注意要抬頭挺胸而非彎腰駝背；尤其當我看到影集《實習醫生》、《謀殺入門課》的編劇珊達・萊姆斯（Shonda Rhimes）說，在回母校達特茅斯學院對畢業生演講前，刻意做了神力女超人姿勢以克服緊張，當

天她的演講內容非常激勵人，特摘錄一小段：[6]

畢業生，你們每個人都要為自己的成就感到驕傲。為你的文憑爭光。記住，你已經不再是學生了，你不再是處在還有進步空間的世界裡。你現在是真實世界的公民，你有責任要成為一個值得加入社會，且有所貢獻的人。

你今天是誰……你就是誰。

勇敢一點。

棒一點。

潛力與個體性

黃金種子的激勵方式代表你認為對方有潛力，雖然目前還沒有完全表現出來。

史丹佛大學的札卡里・托馬拉（Zakary L. Tormala）、傑森・吉亞（Jayson S. Jia）和哈佛商學院的麥可・諾頓（Michael I. Norton）請學生參與一項研究：扮演美國職籃的經理人角色，評估球員第六年的身價。他們提供兩種版本的資料，一種是成就條件，呈現該球員過去五年的得分、籃板、助攻等實際數據；一種是潛力條件，呈現該球員進入職業生涯頭五年的表現數據預測。研究結果，潛力組球員平均年薪為五百二十五萬美元，高出成就組的年薪四百二十六萬美元，相差近一百萬美元，參與學生也認為潛力組球員被選入全明星賽的機會較高。

這一系列的研究亦控制了年齡因素，避免引發「年輕等於有潛力」的偏見，結果發現人們仍然會對潛力有一定的偏好，可能是因為人們認為潛力是不確定性的，比起實際的資歷，反而較能引起注意力，所以大腦認知處理此訊息時會更加的深入，進而對有發展潛力的人印象更佳。[7] 以職場為例，你如果在一番爭論下決定錄取某位疑似有潛力的應徵者，進公司後會努力地協助他，因為不希望自己當初看走眼。我自己接受過當潛力組的好處，但我根本不知道對方是從何處看見我的潛力，受寵若驚之餘就更認真努力了。

可見我們都還蠻喜歡當有「慧眼」的人，所以要激勵對方時，可以跟他說，他未來有潛力成為什麼樣的人，或者可能屬於大器晚成型等。如果要推薦別人，建議不妨先想想他有哪些潛力；但光有潛力不夠，還要注意是否受教。例如在應徵教師工作時，通常會要求先進行試教，在過程中甄選委員會現場回饋教學意見，然後再請應徵者回應或練習一次，這是刻意的，重點在觀察應徵者的受教程度，是否抗拒建設性回饋，或總替自己的行為找藉口，即使臨場表現不理想，如被評估為願意嘗試改進教學，仍有機會錄取。[8]

推薦別人要注意用詞的順序。諾貝爾獎經濟學獎得主、行為經濟學之父的丹尼爾・康納曼（Daniel Kahneman）解釋「月暈效應」會增加第一印象的比重。作法是，如果要介紹一個人，先提對方好的一面，再提沒那麼好的一面，會讓人產生較有好感的想法，因為後面進來的訊息作用相對下不會那麼明顯。所以，要推薦人請記得先談對方有潛力的部分。寫考卷也可以應用這招，第一題答的好，會拉高第二題分數，閱卷的人其實自己不容易察覺，但的確有此小技巧可採用。

想當有慧眼的激勵者，可以聽聽哈佛大學「黑馬計畫」主持人陶德・羅斯（Todd Rose）的故事。小時候他被診斷為過動兒，十七歲從高中輟學，跟女友結婚，二十歲之前有了兩個孩子，兼職十份工作掙錢養家，幾年後好不容易讀了州立大學。但他不再覺得是自己的問題，決定設計一條成功路徑，終於取得了哈佛大學碩士和博士。羅斯從自身奮鬥的經驗開始倡議一個很特別的觀念——打破平均值。

羅斯的著作《終結平庸》（*The End of Average: How We Succeed in a World That Values Sameness*）指出社會普遍存有平均值的潛暴力。他舉例，一九四〇年代末期美國空軍意外事故頻傳，軍方工程師在排除人為操作疏失與機械故障後，轉往駕駛艙設計探詢可能因素；當時的軍機是依據一九二六年飛行員的身材平均尺寸所設計，一九五二年的一份報告測量了四千零六十三位飛行員，結果發現，有人手太長但腳卻符合平均值，如果在十個身材項目中僅挑選頸圍、大腿圍和胸圍，這三項符合平均值的人不到百分之三點五；因此空軍決定放棄平均值，讓駕駛艙配合飛行員，改用可調式坐椅、踏板、頭盔繫帶……等現在常見的調整型設計。

平均值的影響不只是統計的作用而已，而是形成更深層隱晦的一種分類與比較

思維，羅斯建議我們要打破這種單向度的思維，不然：[9]

區分類型和等級已經變得太基本、太自然、太正確，以致於我們不再意識到其實這樣的評斷法毫無例外地抹去了遭評斷者的個體性。

至於在職場上要發掘有潛力的人才，就得追求個體性，不要單就員工畢業的科系或過去工作經歷來分派職務。人資看履歷時其實明白，學非所用不一定不好，面談時可多聽一下對方的故事，人生有什麼轉折，然後設想更適合對方條件與潛力的工作。如果進入公司後表現出色，人資也會對當初的好眼光開心。當然自己也要小心別被學經歷侷限了出路，保持成長心態、精進學習，甚至刻意跨界，人生會更加豐富。《我們為何工作》（*Why We Work*）作者貝瑞．史瓦茲（Barry Schwartz）認為一般人誤解了「對的工作」的意思，以為會有突然、迅速的感覺，其實很多工作的微妙和滿足感，來自於堅持投入、深入摸索一段時日後才有的體會。[10]所以，認真工作就沒有哪一段職涯是浪費、白走的。

羅斯和神經科學家奧吉．歐格斯（Ogi Ogas）合著《黑馬思維》（*Dark Horse: Achieving Success Through the Pursuit of Fulfillment*），兩人早年都在遵循標準化成功的路上跌跌撞撞，後來索性不走前人的舊路，順應個體性而順利翻身。該研究訪談了上百位、跨領域的黑馬，且故意不選擇一般人熟知的成功人士。結果發現，黑馬共通之處是追求自我實現，而非追求成功。且其轉捩點出現在感覺目前過的不是自己想要的人生，開始知道什麼對自己很重要，然後用自己的方式把在乎的事情做得更好。黑馬們對於風險的看法也不同，因為愈來愈了解自己，會懂得用契合自己的程度來判斷風險（一般人則傾向打安全牌）。黑馬的信心是自己給的，旁人就算會對他們潑冷水，嘲諷其選擇不明智，但已闖出一片天的黑馬，不僅圓滿了自我實現的渴望，而且人生充實愉快。[11] 換言之，「契合」是通關密語，如果心裡感覺到契合，就擇其所愛吧！

考夫曼（Scott Barry Kaufman）重新演繹「需求層次理論」，發現馬斯洛錯估了自我實現者，並不如他以為的那麼罕見。但馬斯洛提出的自我實現者的特質，經後續研究者開發出量表加以測試，有十項特質通過了科學驗證，包括：尋求真相、接受、目的、真實性、時刻保持感恩的心、顛峰經驗、人道主義、良好的道德直覺、創意精神與平靜。這些特質聽起來非常美好，但在今日殘酷的競爭世界還有意義嗎？考夫曼的答案是肯定的，因為自我實現的傾向與各種幸福指標有關。[12]

警察實務工作跟司法體系接觸最多，學校法律課程比重很高，因此也常鼓勵學生考司法官，認為這是體制內最被認可的功成名就途徑。有些渴望出人頭地、急想證明自己的人，往往以為僅有考上司法官這一條路，但本身卻對鑽研法律的興趣不高。我勸這些上進的學生，多方涉獵，尋找自己有熱情的路，如果埋沒自我實現的可能性，即使有高社經地位和薪資，也不會幸福。有些學生畢業後不想繼續從事公職也可以，祝福他們用自己的熱情對國家社會有貢獻。

另一種情況是價值感。學校有個區隊長對老莊哲學很有興趣，但身邊的人卻覺得她奇奇怪怪的，以致於她不太敢揭露這個面向。待我發現後，就請教她老莊哲學跟領導力的關係，談論時她整個人都亮了起來。另外，還有個學生心情低潮，認為自己是廢鐵，但我告訴他，我看到了鑽石，因為我的口氣一副不容質疑的樣子，學生姑且接受了。當然，每個人都是有價值的，不是嗎？

信心補給

信心跟信任不一樣，得獎作家喬書亞．沃夫．申克（Joshua Wolf Shenk）認為單打獨鬥的獨行俠成功故事有些可疑，正如職業高爾夫球選手比賽時身邊的球僮般，不只是御用助理，同時也是球員的軍師和心理學家，但外界卻很少注意到其價值。申克很好奇人與人之間的化學作用，決心鑽研雙人搭檔如何相互啟發，例如華倫．巴菲特（Warren Buffett）和查理．蒙格（Charlie Munger）、披頭四的約翰．藍儂（John Lennon）和保羅．麥卡尼（Paul McCartney），在他的著作《2的力量》（*Powers of Two: Finding the Essence of Innovation in Creative Pairs*）中解釋雙人搭檔的珍貴價值，即能夠實現各憑己力無法做出的偉大成就。[13]

根據申克的歸納發現，高成就的雙人搭檔通常會歷經以下的階段：①結識（meeting）；②交匯（confluence）；③辯證（dialectics）；④距離（distance）；⑤無止境的賽局（the infinite game）；⑥中止（interruption）。他刻意使用「交匯」一詞，是指兩條河匯流為一的意象，已經發生了就無法逆轉。很少聽到成功的建議是尋找搭檔，但他仍建議大家勇於嘗試，因為：

關係的連結並不會像老鷹攫取老鼠似地突然像你傾撲而來，就算它像艘船駛向正在汪洋大海中浮沉的你，你仍需要抓住放下的繩梯，攀爬上船。第一步未必是最難的一步，卻往往是最難駕馭的一步。

這說法真是迷人，不是嗎？

雙人搭檔在交匯階段又需歷經「臨在」（presence）、「信心」（confidence）和「信任」（trust）三個階段。由此可見，信心和信任是不一樣的。申克強調信心是針對性的，信任則是整體性的，我們可以對人在未來的某件事上有信心，信心與日俱增後才會形成信任。而即彼此信任的雙人搭檔，接著就會建構共同的身分（joint identity），建立共同的歷史。所以，如果要贏得信任，基本上要從先有信心開始。

職場上被交付開闢藍海任務的人，需要不斷給人信心。哥倫比亞大學商學院教授莉塔．岡瑟．麥奎斯（Rita Gunther McGrath）提出「瞬時競爭優勢」（transient competitive advantage）的概念，傳統策略思維是以維持組織既有的優勢為前提，或期盼靠著「秘密醬汁」屹立不搖；如今已是完全不可行，許多曾是重量級企業的殞落可以證明，因為競爭變化太快，原本的成功策略一下子就不管用了，甚至來不及斷尾求生。麥奎斯建議組織要預備一組人才，用於辨識和把握機會，讓組織更敏捷。[14] 這批先遣部隊在前方視線不明的情況下，信心會動搖且日漸微弱；此外，還有一些員工工作能力並不差，只是冷板凳坐久了，團隊領導人要主動提振他們的信心，一旦有機會立下戰功，或許就能茁壯成信任。

信心對創業者尤其重要。被 Adobe 收購的創意作品交流平台「Behance」和「99U」會議的創辦人史考特・貝爾斯基（Scott Belsky）在《混亂的中程》（*The Messy Middle: Finding Your Way Through the Hardest and Most Crucial Part of Any Bold Venture*）書中描述「心境的轉折」。創業初期往往只見前景美好，不太了解自己的無知或未來阻礙，所以喜悅程度幾乎是「太棒了，我們開始吧！」隨著新點子的興奮消退後，就得面對現實，重摔到低谷，「這真是他媽的難！」如果不想放棄，此時便進入了最難熬的中程，偏偏無法快速通過，唯有學習忍受模糊、危機、恐懼、不確定性，並持續採取一定措施使其變得優異，才有機會熬到開花結果。這段期間團隊們會覺得自己像傻瓜、垂頭喪氣、失去耐心。貝爾斯基建議領導人每次談話都要以活力收場，帶領團隊有信心通過重重考驗。他用一張圖解釋中程的真相，我沒有創業的經驗，不過看到它簡直像是發現藏寶圖一樣，光是意識到人生旅程中必然會出現的顛簸與兇險就夠了；我也會利用這張圖，請學生指出自己現在所處的位置，如此一來便可知道學生的心理狀態了。[15]

如果你在十五世紀的創業投資公司上班，你願意投資哥倫布的航海計畫嗎？有歷史學家考證，哥倫布有點像是「自戀的魯蛇」，所以你可能不想把錢丟到水裡。當初哥倫布費盡千辛萬苦到各國提案，終於爭取到西班牙皇室的贊助，只是出發許久一直未見到傳說中的印度，船員們難免會人心浮動、發動叛變。作家安迪・安德魯斯（Andy Andrews）在《七個禮物》（*The Traveler's Gift*）書裡想像當時不滿的船員與哥倫布爭執的過程，當時船上的食物和飲水僅存不到十天份，返航也是死路一條，唯一的路就是前進，幸好他不斷跟船員們信心喊話，甚至假造航海日誌，減輕未知的疑慮。故事表達出成功需要一顆堅定的心。最後，哥倫布的信心贏得了大獎，不是到達印度而是美洲。[16]

我們都會面臨到如哥倫布的時刻，坦白說，我無法每次都帶著堅定的心。我曾經在告訴對方不要放棄的同時，卻發現自己已經放棄想像對方成為最好的可能性。代表我其實信心並不足，這個覺知讓我感到慚愧，但也讓我明白信心不是啦啦隊式的喊激勵口號，而是自己要打從心底相信對方目前情況只是暫時的困境，從原本的無法想像，變得可以想像了，看見「美好的發生」正在路上，這樣的信心才會有力量。

信心也可以自己供給。我設計一項「工作上的發光時刻」的活動，我特別感動的是消防人員的報告，他們服務年資超過十五年以上，身經百戰，不乏有媒體報導或得獎光芒，但他們講述的發光時刻並非此時，反而是在急救過程中，民眾一句激勵的話語，讓他們瞬間充滿能量，這種時刻不常見，透過這個活動可以成功喚起他們的記憶，我彷彿看到他們的眼神仍閃爍著光芒。

暢銷書兄弟檔作家奇普・希思（Chip Heath）與丹・希思（Dan Heath）的著

作《關鍵時刻：創造人生1%的完美瞬間，取代99%的平淡時刻》（*The Power of Moments: Why Certain Experiences Have Extraordinary Impact*）建議，我們對時間要以「片刻」為單位來思考，某些關鍵時刻是重中之重，能夠激發正向情緒，且在一生的記憶中脫穎而出；有些的發生無法預期，但也可以把握機會營造。書中歸納出下列四個要素：提升（elevation）、洞察（insight）、榮耀（pride）與連結（connection），關鍵時刻至少會有一種以上的要素。發光時刻便是關鍵時刻，請不要吝惜發光，如果工作上遇到一些瓶頸，可以召喚自己的發光經驗，為自己補給信心。[17]

其實營造關鍵時刻不一定需要透過舉辦活動，我在激勵時也希望有機會體驗到關鍵時刻，有時得跟學生聊上三至四個小時才能感覺碰觸到「關鍵時刻」的邊緣（後面進度就快多了），儘管馬拉松式的談話令人虛脫，但若不這樣做，防衛心就降不下來，恐會錯失良機。依我的經驗，最常發生的要素是「洞察」，突然冒出一句話讓對方茅塞頓開，這種時刻很私人也很動人。

下面的金句來自暢銷作家強·高登（Jon Gordon）《記得你對自己的承諾》（*The Carpenter: A Story About the Greatest Success Strategies of All*），他給團隊領導人激勵信心的參考：[18]

我相信，最好的日子就在前方，不是在過去。

我相信，自己在這裡必有意義，我的目標遠大於我的挑戰。

我相信，保持正向思考不只讓自己更好，也讓周遭的人更好。

年齡也是打擊信心的常見因素，我們何嘗不希望早開始、早知道，但若能出現改變的覺知就是恰當的時機，趁此進行自我改造與進化，千萬不要感嘆時不我予，就縮回舒適圈了。曾聽到人事圈長輩一句令人玩味的話：「烏龜會變兔子，兔子會變烏龜」，這句話可以砥礪年紀漸長或自認職涯不順遂的人，乾脆點告別舊生活，啟程人生新冒險。

倫敦商學院教授林達・葛瑞騰（Lynda Gratton）與安德魯・史考特（Andrew Scott）在《100歲的人生戰略》（*The 100-Year Life: Living and working in an age of longevity*）書中勾勒出長壽生活的情境，這是人類史上首次迎來的超長人生，如果要繼續一般公認的教育、工作、退休三階段，這個套路將來恐怕會使日子更艱難也更浪費生命。試問：假設有天我們高齡一百歲，回頭看看今日，我們會覺得自己的人生規劃如何呢？他們建議即早修正三階段的安排模式，其中最關鍵的是晚年，他們激勵大家成為「探索者」，展開非凡的回春經驗。[19]但不論幾歲，記得都要帶著信心的補給踏上未知旅程。

奇普・康利（Chip Conley）在二十六歲時創立精品飯店「裘德威旅館集團」（Joie de Vivre Hospitality），「Joie de Vivre」是法文「生命的喜悅」的意思，但當康利擔任執行長超過二十年，他開始漸漸感受不到喜悅了。五十歲時內心有個聲音告訴他改變的時候到了，他決定聽從這個聲音，於是賣掉公司，開始成為探索者。二〇一三年被 Airbnb 執行長邀請擔任業界導師，並加入領導團隊。當時的他根本不懂科技，還搞不太懂共享經濟，卻不介意自己像個菜鳥，因為他遵循杜維克的成長心態理論，認為追求進化比證明自己更重要，在人生下半場最好的戲碼是「金蟬脫殼」，而非穿同一套戲服再演一次，於是跳上準備起飛的 Airbnb。「中年危機」被他視為「中年覺醒期」，面對退休他的態度是「勇進」，讓自己重新連結，在其著作《除了經驗，我們還剩下什麼》（*Wisdom at Work: The Making of a Modern Elder*）對熟年族信心喊話：「生活真的很美好，而且，還可能變得更好！」[20]

選擇讀警大的學生，通常對財務安全感的需求比較高，有一些學生甚至被灌輸當公務員可以有領月退的好處。現在臺灣社會對於退休的悠閒生活帶些許朦朧美，在警界能提早退休似乎就被視為命好，然退休心態一旦摻雜著退出、失落或恐懼，價值感便會下降快速，加上年金改革引發的委屈和被害者情節，更加讓人害怕勇進或重新連結，所以我請學生把注意力放在職涯發展。為了幫助學生想像，我設計一個情境模擬：「你畢業後順利通過特考，去上班的第一天，晚上在日記中寫上今天的工作體驗，你會寫些什麼？」然後我在課堂上逐一唸出各自的內容，再讓大家分類屬正面或負面期待，藉此讓比較悲觀的人知道，明明都是同學，為何有人對未來工作的想像何等美好，自己也能做到。重點並不是提供溫暖，而是提高期望，期待他們願意更加投入，才有機會享受工作的喜悅。

我喜歡在得知對方換工作或搬家後的新生活的第一天早上七、八點搶頭香發祝福的訊息（純文字、不用貼圖），為對方即將展開的人生階段加添正向期待。這是一種切割手術，讓人在時間上有強烈的切割感。時機管理專家史都華．艾伯特（Stuart Albert）認為，若是在組織變革需要完美退場，或新領導人上任要致詞時，艾伯特稱為插入「心理句點」，他建議可以有下列五個步驟：① 總結過去、② 說服他人、③ 做出正面評價、④ 連結過去與未來、⑤ 祝福未來。如此一來，在事件結束時宣告句點，然後往前走（很多政治人物就是敗在第三點）。[21]

有些時候我只會對學生說一句：「I am proud of you！」時機特別挑在事前，例如比賽上場前或是出任務前，無論結果、成敗如何，我都會想讓對方知道我相信你很棒了。誠如賀斯勒離開前對夏默講的那一句話，完美表達了「畢馬龍效應」；至於反向對人表示期望低的想法，請不要衝動說出口，只要給出祝福即可。

第 6 章

激勵是
賦予工作意義

迷思：「用呈現的，不要用講的。」這句話的重點正如它的字面意義：如果約翰正在悲傷的話，別對讀者用描述的，可讓他們看他哭的模樣。

事實：「用呈現的，不要用講的。」這句話的重點是它的言外之意。如果約翰正在悲傷的話，別對讀者用講的，讓他們知道他為什麼哭。

——麗莎・克隆（Lisa Cron）
《大腦抗拒不了的情節》

意義化工程

「你的組織為何而生？」

「你的組織何時會死去？」

「你的組織死後可以上天堂嗎？」

這些犀利問題來自企管顧問羅伯・洛蘭德・史密斯（Robert Rowland Smith），他是牛津大學的哲學家轉行顧問，上述是他針對企業建議的大局思考，很發人深醒，由於本書內容著重在領導與激勵，所以在此借用一個他詢問企業領導人的問題：[1]

「你的價值比你的員工高多少？」

這一道題是領導人專屬，你可以自己慢慢想；不過這裡提示史密斯的參考答案。他認為，能啟發員工發揮他們最大價值的領導人，才是最有價值的。另一個所見略同的英雄是提倡「微細領導力」（Everyday Leadership）的卓杜立（Drew Dudley），他提出的問句更有行動力，就是檢視自己：「**我今天做了什麼來發掘其他人的領導力？**」「**我今天做了什麼讓其他人更接近目標？**」[2]

價值可以有很多的定義，你必須知道什麼對自己而言很重要。社會上愈來愈多人認為成名具有重要價值，為了想出名紛紛鑽研如何在網路上吸引眼球，期盼能夠一鳴驚人。《成功竟然有公式》（*The Formula: The Universal Laws of Success*）作者巴拉巴西（Albert-László Barabási）形容極妙：如果哪天我們碰巧看見了巨星，可能還會沾沾自喜，彷彿目睹一場奇蹟般。[3]可是大眾品味的變化速度很快，使得價值波動頗大。但我個人比較心儀的反而是另一種反差：「隱系人類」。這定義來自大衛．茨威格（David Zweig）的《隱系人類：浮誇世界裡的沉默菁英》（*Invisibles: The Power of Anonymous Work in an Age of Relentless Self-Promotion*）。[4]

茨威格為了寫這本書，拜訪多位專業人士，其中一位是比鋼琴家還懂鋼琴的「史坦威御用調音師」。茨威格造訪時，這位調音師正在為俄國鋼琴家丹尼斯．馬祖耶夫（Denis Matsuev）的演奏作準備。馬祖耶夫有「西伯利亞熊」的封號，《洛杉磯時報》以「北極圈裡速度最快的爪子」來形容他，其身材和俄國作曲家拉赫曼尼諾夫一樣高大，二人都是一百九十八公分，同樣有雙輕鬆彈奏十二度音程的大手，因此彈斷琴弦也很常見。二〇一四年索契冬季奧運會閉幕式，馬祖耶夫從舞台中央升上來演奏拉赫曼尼諾夫的經典作品《第二號鋼琴協奏曲》，氣勢磅礴。

這位調音師面對熊爪即將來襲，決意全力以赴，他對茨威格解釋自己調音工作時的狀態：

彷彿時間不能再主宰我，變得一點也不重要，我會連續十個小時不吃東西，聽不到電話聲，努力追求完美的過程就是我最大的報酬。

這完全就是處在心流的樣子。馬祖耶夫演奏會當天，這位調音師在場密切緊盯台上的史坦威鋼琴，幸好，它順利熬過了這頭熊的攻勢，調音師對自己的成果感到自豪，儘管沒有任何一位觀眾的掌聲是獻給他的。隱系人類追求心流，而非優越感；他們重視工作意義，在工作上一絲不苟、盡善盡美，享受個人內在的價值報酬，沒有動機，不會想要獲得外在的肯定和成名，或炫耀自己的成就地位。

如果在半個世紀前，隱系人類才不會這麼稀缺。過去，人的內心為道德抉擇而掙扎，現代人的內心則為追求成就而掙扎，這是《紐約時報》專欄作家大衛·

布魯克斯（David Brooks）在《品格：履歷表與追悼文的抉擇》（*The Road to Character*）中的評論。他以亞當一號和亞當二號來說明，亞當一號是職涯導向、外顯在履歷上，努力證明自己的優越感；亞當二號則在意內在的品格修為，希望在道德上禁得起檢驗。當今社會盛行以自我為中心的文化，愈來愈助長亞當一號的汲汲營營，卻嚴重忽略靈魂天性的亞當二號。他認為只有亞當一號的性格會讓人變成一隻狡獪的動物，充滿工具性精神，想著這個人、這個機會或經歷對我有用嗎？但以前的人不會如此精算各種關係的盈虧；或許有人會冷嘲熱諷亞當二號的方式太沒競爭力，但他呼籲要重新平衡亞當一號、二號，最好是把亞當二號看得比一號更佳重要。追尋亞當二號無關乎職位高低，也沒有特定步驟，得靠積極的自我修持，在過程中漸漸懂得謙遜與自重。[5]

布魯克斯的另一本書用盧梭《愛彌兒》文體寫成的類小說《社會性動物：愛、性格與成就的來源》（*The Social Animal: The Hidden Sources of Love, Character and Achievement*），故事裡有個角色艾莉卡，她力爭上游，職涯一路攀升，到晚年其心境是：[6]

> 認識的人愈來愈多，朋友卻愈來愈少。……艾莉卡並不孤獨，但她有時覺得自己活在擁擠的孤獨中。這幾年來她變得虛有其表，她曾經很活躍，私底下卻無人關注。在整個職業生涯中，她一直以專業所要求的方式來組織自己的大腦，然而當她達到頂尖的成就後，這些專業再不能滿足她了。退休後，她覺得麻木。有種她過去不曾察覺的衝突發生，一種外在與內在的戰爭。在過去，一直是外在的力量獲勝。

艾莉卡人生縮影可能投射了某些人生勝利組心中的拉扯，「擁擠的孤獨」很精準地形容杯觥交錯場合下隱隱作痛的沮喪。布魯克斯在《第二座山：當世俗成就不再滿足你，你要如何為生命找到意義》（*The Second Mountain: The Quest for a Moral Life*）這本書中改用爬山來解釋亞當二號。他介紹人生有二座山，努力爬第一座山的人在意的是財富、權力、名聲等成就地位，不會理采亞當二號，但它不主動也不著急，就像「藏匿在深山樹林中的花豹」，在攻頂過程中你可能會在眼角瞥見遠處的這隻花豹，直到有天跌落谷底，它會在門口盯著你看。如果你願意臣服，擺脫功利觀點，承諾開始爬第二座山，然後從「以自我為中心」移動到「以他人為中心」，從個人主義者轉變為關係主義者，為別人騰出些時間，且在相處時讓對方覺得被珍惜、被了解，這歷程他稱之為「幸運的墜落」。[7]

如果你的花豹出現了，可別冷眼對望，最好有自知之明。能夠啟發人生意義的激勵是品格的追求，這種追求不一定會外顯，卻會讓人得到精神上的小小勝利。雖然這純屬私人的勝利，也值得為自己喝采一下。那麼，是否有辦法從小就讓孩子追求品格呢？

加拿大多倫多大學心理學教授、研究親子教養的瓊安．格魯塞克（Joan E.

Grusec）與艾麗卡・雷德勒（Erica Redler）找來一群七、八歲小朋友作實驗，請他們慷慨分享彈珠給窮人家的小孩，然後分別給予不同的讚美。一組針對行為給予肯定，稱讚小朋友做了件好事；另一組針對品格來肯定，稱讚小朋友是會幫助人的好心人。研究發現，針對品格的說法比較有效果，華頓商學院教授亞當・格蘭特（Adam Grant）推薦家長可藉此培養小孩的道德觀，而且可將這方法套用在成人上，例如：「喝酒不要開車」屬於行為面的提醒，「不要當酒駕的人」屬於品格面的提醒，建議把重點從行為轉到品格。格蘭特進一步解釋這種作法與卡蘿・杜維克（Carol S. Dweck）的讚美理論如何交互運用，在技能領域上可以讚美對方的成長心態，在道德領域部分則可以讚美對方的品格。當套在自身的勉勵時則有兩個方式，一種是問自己「我是怎樣的人」，另一種則是問「我怎麼可能是這種人」。[8]

最經典的實例莫過於班傑明・富蘭克林（Benjamin Franklin）列出十三項美德清單鞭策自己，包括：節制、慎言、有序、決心、節儉、勤奮、真誠、正直、中庸、整潔、鎮靜、忠貞、謙遜，畢生奉行與追求精進，他很希望能養成物歸原位的習慣，卻沒有辦法做到斷捨離，因而自評「有序」這項表現最差。這也是情有可原的，因為他要忙著印刷報紙、研究導電和製造避雷針、發明雙焦眼鏡、創辦賓州大學、簽署美國獨立宣言……等偉人的工作，如果再花時間整理東西，猜想大概不會有如此旺盛的生產力吧！[9]

這裡我也要補個高調又激勵的例子——美國西雅圖的派克魚鋪（Pike Place Fish Market）有個願景是成為「舉世聞名的派克魚鋪」。老闆約翰・橫山（John Yokoyama）的目標不只是賣魚，而是透過賣魚發揮舉世聞名的影響力。在還沒達成這個願景前，魚鋪的工作氣氛差、員工素行不良且流動率高，一切都亂糟糟的，但當橫山知道「魚要腐爛發臭，定先從魚頭開始。」他知道自己就是魚頭，因此，不該怪員工，要從他自己改變起。

派克魚鋪最知名的絕活是把魚拋來拋去，如特技表演一樣（請想像十八公斤的阿拉斯加大鮭魚在半空中飛來飛去），原本只是希望員工同心協力，在工作中注入歡樂，為人們的生活帶來正面改變，這一連串的幸運巧合獲得了媒體關注，現在派克魚鋪不只是西雅圖著名景點，更成為團隊激勵的案例教材。《賣魚賣到全世界都知道》（*When Fish Fly*）書裡呈現魚鋪的日常：早上六點半上工，大家處理魚貨、鏟冰塊，兩手凍得發紫，八點前完成準備工作，然後開始熱鬧非凡的服務，包括：與路人打招呼、帶動顧客、把魚拋來拋去、對彼此吼來吼去、重新排好魚、包裝和運送……等。顧客和觀光客會成群結隊地到來，直至晚上六點打烊，六點半收拾完回家。扣掉中午休息一小時，以及上、下午各有十五分鐘休息，工作時間長達十一個小時，此外，拋魚技巧需要練習個一年半載，故常有員工因為魚太重而受傷。儘管如此，橫山卻一點都不擔心請不到員工，他認為自己提供的是機會，而非工作，事實上應徵者大排長龍，就是希望感染團隊的工作熱情，並帶來正向的影響。[10]

員工不只是在魚鋪中發揮正向影響力，有一位住院化療的小女孩，全家從西雅圖搬到明尼蘇達州，在痛苦的療程中，她想像中的快樂天堂就是派克魚鋪，這個心願被週刊報導出來後，魚鋪員工希望能夠到醫院上演拋魚秀，但醫院間堅持要保持衛生清潔，不同意此活動。孰知，在小女孩十三歲生日當天，護士宣布：「讓我們歡迎丟魚二人組！」有二位魚鋪員工專程到醫院為她慶生，用鮭魚玩偶跟病童們丟來丟去。其中一位因曾接受過化療，此舉能帶給病童們美好回憶對他來說意義重大。不只如此，醫院許多人亦被此舉感動，專程跑到魚鋪向這兩位員工致敬。

你以為自己在做什麼

有則關於工作意義的小故事流傳著：行經路旁某工地時有人詢問工人正在做什麼，第一位口氣很差地說：「你沒看到我在砌磚嗎？」第二位頭也不抬地說：「我正在砌一面牆。」第三位工人抬頭看著遠方說：「我在蓋一座雄偉的大教堂。」某次期末簡報上學生放了一片磚牆，我以為要引用這個故事，因為報告的題目是「我的夢想人生」，結果學生說，學校好像要把人變成一塊塊磚頭，雖然警大學生需接受比較嚴格的管教，但我仍很訝異學生會有這樣的認知。

一個畢業的學生回來探望大家，我問她在警局的工作情況，她覺得自己像三隻小豬故事裡的小弟，當大哥、二哥的房子倒了，小弟卻因為腳踏實地蓋磚造房，十分堅固，哥哥們自然來到他的避風港。可見，她的工作態度是希望學生畢業後，在工作上能像豬小弟般，認真地腳踏實地。

學術界有真實版的三個工人或三隻小豬故事。來自耶魯大學教授艾美．瑞茲內斯基（Amy Wrzesniewski）的研究，對象是醫院的清潔工，有的清潔工盡可能地少做事，只和少數人打交道；有的清潔工是盡力把分配區域的工作完成就好；有的清潔工會搬移植物裝飾環境，亦會與病人或家屬互動，轉達訊息給醫護人員。研究結果分析出，員工看待自己的工作可分為三種：「差事」（job）、「事業」（career）與「志業」（calling）。視工作為糊口差事的人，認為工作最沒有意義，只想著領錢，多一事不如少一事。這一系列研究皆可以分出這三種不同的工作心態，那麼，把工作當成志業的人上班究竟是什麼樣子？《是你讓工作不一樣：創造影響力的五個改變配方》（*Great Work: How to Make a Difference People Love*）書中有一位醫院清潔工摩西，以下例子很有畫面：[11]

摩西沒有衝進門清空垃圾桶，而是做了一個非常小、但非常重要的動作——他站在床邊，對著麥肯自我介紹：「嗨，我是摩西，我來讓事情變好的。」這對明蒂來說意義重大，這四天以來第一次有人願意和麥肯說話，把他當成小孩。對其他人來說，他是個病患，或是一件工作，一個麻煩。……他告訴麥肯：「摩西是來幫你的，摩西是來讓一切事情變得更好的。你每一分鐘都在變強壯，對不對？你得忘掉昨天，今天是新的一天。」……明蒂跟醫生麥肯跟她玩了十分鐘時，醫生可能會說：「非常好，明天試著玩二十分鐘吧。」但她告訴摩西時，他卻說：「所以你們去了遊戲室？麥肯是自己走過去的嗎？太好了！一旦孩子開始玩，他們很快就能回家。」摩西似乎單用直覺就能了解這家人的情緒。

我沒有遇過這種清潔工，顯然這位摩西與眾不同，但可以用大衛·霍金斯（David R. Hawkins）的意識能量架構來說明。霍金斯的經典著作《心靈能量：藏在身體裡的大智慧》（Power VS. *Force: The Hidden Determinants of Human*

Behavior）解釋意識能量的變化，200 是正、負能量的關鍵點，這屬於「勇氣」能量等級，當跨越了 200 以上，就會覺得他人的幸福變得愈來愈重要；200 以下則具有破壞性。職場上具備「勇氣」能量等級的人會嘗試新事物，在工作中學習新技能，並開始獲得真實力量；再往上則是「淡定」能量等級（250），這些人會很稱職地把工作做好；至於更往上的「主動」能量等級（310）則是把工作做得很優異，我覺得這位摩西的工作表現就像這級數。[12]

此外，這個數字是能量測定值、不是計算值；它不是等差關係，是指較高意識能量的人，可以抵消許多較低意識的人；若以團隊來說，用它來說明領導人的影響力最適合不過了。如果工作是基於恐懼、欲望、憤怒、驕傲等動機，即使事業有成也很難感受到真正的滿足。《量子領導——非權威影響力》的作者、企業高階教練洪賜銘，參考霍金斯的架構，建議領導人更新內建的作業系統到量子作業系統，修煉「狀態領導」，發揮同頻共振以提升團隊整體能量。例如「驕傲」等級（175）

的領導人會想功成名就，證明自己很強；「憤怒」（150）的領導人一旦發現員工把事情搞砸了，就急著開罵或恐嚇，但懂得向上調頻的領導人則會同理員工，然後希望藉此機會幫助他成長。[13]

這個世界彼此相互依存，每個人如果能更有自覺的提高意識能量，可以帶來很多美好的改變，因為大衞・霍金斯說：「在我們爲每一件事選擇該遵循哪一條路的時候，宇宙都屏息以待。我們的決定將在意識的宇宙引發陣陣漣漪，影響一切生命。」

如果上述的能量說法有點難以參透，下面這句應該可以：「花一週時間和工作談戀愛，找出你的紅線。」

它就是字面上講的意思，此引自《關於工作的九大謊言》（*Nine Lies About Work*：*A Freethinking Leader's Guide to the Real World by The Evolution of Order, from Atoms to Economies*），其作者馬克斯・巴金漢（Marcus Buckingham）和艾希利・古德（Ashley Goodall）認為「追求工作與生活平衡」是個大謊言，反而搞得大家覺得上班很無奈，得用下班生活來補償；再者，若把持著「工作有害、生活有益」的信念根本無法實現美好的人生，因為真正的問題不在於工作與生活，而是喜愛與厭惡。[14]

就工作來說，喜愛的事就如紅線一樣，要能夠將它織入自己的工作裡，但哪些事情是紅線？該怎麼織？得靠自己發掘；因為每個人的紅線都不一樣，只有自己最清楚。建議可用一個非常簡單的作法，拿一張紙、分成兩欄，一邊列「喜愛它」、一邊列「討厭它」，記錄一週的工作體驗，會發現做喜愛的事你會充滿期待，投入後便可帶來滿足和成就感，所以要盡量把那些線織進工作這塊布裡，這也是所謂對自己職涯負責的意思，可不論平不平衡了。

它也適用在其他面向，將人生視為整體的一大塊布，尤其要誠實問「**自己的人生希望與誰交織？**」若感情有抉擇困擾的話，不要騙自己去喜歡它，請把天平拿出來，然後交給心來做決定。如果希望對方在你人生中待久一點，請善待與珍惜這份關係；如果對方不在身邊但還有機會的話，也請不要放棄希望，讓這些紅線再回到你的布裡，看看能織出什麼花樣。

工作塑造、個人計劃

瑞茲內斯基教授的「差事」、「事業」與「志業」三個分類被廣為引用，且她進一步提出「工作塑造理論」（job crafting），鼓勵員工超出職務說明書的限制，採取下對上的工作設計，她以「工作工藝師」（job crafter）的角色自居，擔負起設計工作的責任，自己賦予工作意義。我想醫院交辦摩西的清潔工作一定不是這些，但他自己把工作改變成如此。

工作塑造理論的中心思想是「別讓工作塑造你」。瑞茲內斯基建議，以他人為中心，連結他人、服務他人會讓工作更具意義感。難怪布魯克斯說：爬第二座山的人若受到意義的召喚，會進入到雙重否定的階段，即「我不做不行」。但要如何工作塑造呢？作法很多，我個人最推薦「重新框架」（reframe）這一招，因為框架隱微卻威力強大。

「改變框架，人生就會跟著改變。」

這是韓國首爾大學心理系教授暨幸福研究中心所長崔仁哲在《框架效應》的忠告。書中指出，框架無所不在，框架的形態包括：假設、前提、標準、刻板印象、隱喻、單字、提問、經驗的順序、邏輯脈絡等。換言之，如果我們要對自己的工作重新框架，就得檢視並改變個人對現有工作的框架形態。[15]

被喻為正向心理學之父的馬丁・塞利格曼（Martin E. P. Seligman）於一九九七年當選美國心理學會（American Psychological Association, APA）的主席時，積極招兵買馬，想讓心理學研究領域大轉向。他童年的偶像是沙克（Jonas Edward Salk，一九一四至一九九五年），即在一九五四年發明沙克疫苗的人，其解決了小兒痲痺傳染病肆虐，可惜沒有申請專利（據富比士雜誌估計，沙克至少少賺了七十億美元）。塞利格曼後來跟偶像見了面，當天正巧是沙克疫苗使用的三十週年紀念日，這次晤談啟發了他對「心理的免疫」概念，也奠定日後正向心理學運動的「預防」框架。本書有許多內容受惠於這二十年來正向心理學研究的成果。[15]

此外，框架有層次的高低。低層次框架會問「怎麼做」，高層次框架會問「為什麼要做」。如果觀察具備高層次框架的人，會發現他們比較常說「是」；低層次框架的人則常說「不」。觀察一現象：會在工作中鍛鍊品格、爬第二座山的人，多數選擇了高層次框架，知道自己的「為什麼」。

聖雄甘地在領導印度、脫離英國殖民的不合作運動時，就已注意到思想框架的影響，尤其是其主張在抗爭中採取非暴力手段，反駁外界認爲的消極抵抗說法，向追隨者表明：非暴力並不是軟弱，而是主動積極的抵抗。他還決定用梵文來爲核心概念賦予新的意義，命名爲「眞理之路」（Satyagraha），透過新詞彙有效地散播不合作、非暴力的理念。當時警方非常粗暴的對待抗爭者，表面上甘地的運動遭遇一連串的挫敗，鎭暴警察達成了任務目標，但在道德上，英國的統治已喪失了民心，因爲追求眞理是何等崇高啊。

團隊領導人要如何運用框架觀點來進行激勵呢？

首先要先找出對方使用的預設框架，框架其實很隱晦，要理解對方如何表述事件，然後測試對方能接受與適合的框架為何，再置換成高層次框架，就能改變不同的意義。我比較擅長隱喻的方式，通常會從事件描述找出隱喻，再想辦法置換。但有時過程簡直像智力大挑戰，例如有次學生一口氣抱怨好幾件事，內容五花八門，我發現學生似乎採用了「審判」框架，在自己的世界裡扮演法官；問題是案件量多又太勤奮了，直接對人判重刑、還不得上訴，難怪糾結不已。

當我點出了這個框架後，就請學生不要太常自行開庭，給別人更多自由的權利。眾人不可能搞清楚你世界裡的律法條文。最後建議他不要找一個讓自己太累的工作。學生決定當紀錄片導演，觀察人生百態，面對違規的人就當作他們是演員路人甲。選好了這個新框架，我們彼此都鬆了一口氣，可以預見未來生活將自在多了（此過程大概花了四小時）。

警界的陽剛文化讓我經常在行政工作上撞上「戰爭」框架，雖然不是由我方發動戰爭，但資料文件與會議發言常會帶著批判與對抗性，接下來要不開始樹敵、要不尋找結盟；如果後來戰線拖長，可能會漸漸模糊焦點、遺忘為何而戰。如果我有機會參與決策，就會試著改變討論議題的框架，希望注入更多正向期望，目標是朝向和諧、信任建立。「戰友」可是很好的隱喻，有好戰友是非常幸福的，但可遇不可求。

靈性作家芭芭拉・安吉麗思（Barbara De Angelis）認為生命能量時時上演著「擴展和收縮之戰」。可以想像成兩個隊伍，一支是擴展隊、一支是收縮隊。靈魂轉化的意義就是要從「被動觀看哪個陣營能取勝」到「站在擴展陣營中加油打氣」。擴展／收縮框架超越了是非善惡，與其思考對或錯、想不想要或喜不喜歡，真正有意義的思考反而是：「這會如何影響我的意識？」

每年警大運動會最刺激的項目便是拔河比賽，有時候我會看著自己內心舉辦的拔河，一邊是我的恐懼隊，一邊是我的渴望隊。我的恐懼隊選手不只是多年練習，而且個個實力堅強，甚至還有可能秒殺我的渴望隊。如果我不想讓渴望隊輸得灰頭土臉，就要刻意偏心，為渴望隊加油打氣了。當渴望隊贏了一場，我的心真的有感覺到擴展一些些了。懂得激勵的團隊領導人必定屬於擴展陣營，在此推薦安吉麗思《靈覺醒：活出生命質感的高振動訊息》（*Soul Shifts: Transformative Wisdom for Creating a Life of Authentic Awakening, Emotional Freedom &*

Practical Spirituality）的這段話：[17]

每一個經驗若不是在擴展你，就是在使你收縮。
每一個念頭若不是在擴展你，就是在使你收縮。
每一段關係、每一場對話，或每一次與他人的互動，
若不是在擴展你，就是在使你收縮。
凡是你看到的、關注的、讀到的、以及感覺到的，
若不是滋養生命的振動，就是削弱生命的振動。

人格心理學也有擴展的招式。如果你已經測驗過「五大人格量表」（Big Five personality traits），大概知道自己在經驗開放性、嚴謹自律性、外向性、親和性和神經質等五項特質的得分高低了，但這並不表示人格特質固定不變，即使關係很熟的人，人格特質也不是穩定可預測的。例如內向的人也可以切換成「偽外向者」，

人格心理學大師的布萊恩．李托（Brian Little）教授就是其中之一。

我很感激蘇珊．坎恩（Susan Cain），她的書《安靜，就是力量：內向者如何發揮積極的力量！》（*Quiet: The Power of Introverts in a World That Can't Stop Talking*）解救了我的內向。坎恩在書中提到李托教授在哈佛大學上課時，常常唱起歌來或跳起舞來，被人形容是「羅賓．威廉斯和愛因斯坦的綜合體」。他偏好一對一的談話，據說只要開放學生預約諮商的時間，走廊必定大排長龍。但其實他的生活像個隱士，不愛交際應酬，更自爆，演講完就會躲到廁所去復原，以降低警醒程度。

李托教授在《探索人格潛能，看見更真實的自己》（*Me, Myself, and Us: The Science of Personality and the Art of Well-Being*）一書中，從「個人計劃」（personal projects）的觀點來說明這種策略性行為。關於「我們是誰」，不同理論派別的分析焦點各有差異。認知論會分析你在想什麼，特質論會從你擁有的人格特質面向來分析，個人計劃則從你覺得自己在做什麼來分析。個人計劃屬於自發性動機，基於希望表達出某種個人價值觀，而改變舊有行為模式，做出與性格不符，稱為「自由特質」（free trait）的行為。但為什麼一個人可以超脫自己原本的個性，展現出自由特質的行為？[18]

爲了專業、爲了愛。

講台上口若懸河的李托教授不是善變，而是基於專業。我在課堂教學或在研討會發表論文時，認識不深的人以為我頗活潑健談，其實並不是如此。那什麼樣的人會為了愛，而有自由特質的行為表現呢？

每個人吧。

我想。

第 7 章

激勵是
喚起感恩的心

唯有禮物被視為禮物，它才有可能增長。

——路易士．海德（Lewis Hyde）

《禮物的美學》

策略性喚醒感恩

阿帕拉契山徑（Appalachian Trail）全長約三千五百公里、橫跨美國十四個州，電影《別跟山過不去》（*A Walk in the Woods*）的兩位男主角就是挑戰它並尋找到人生的意義。旅行社打出的廣告文案稱：「走到天荒地老」。就在二〇一六年九月，職業極限越野跑家、綽號「狂奔山羊」（Speedgoat）的卡爾‧梅爾策（Karl Meltzer）創下了四十五天二十二小時三十八分的紀錄征服了它，根本不用到天荒地老。梅爾策當年四十九歲，其實早在他四十一歲時就曾挑戰過，成績是五十四天二十四小時十二分；八年後、年近半百的他卻還有如此驚人的進步。他說每當遇到低潮時，就開始感恩身邊支持他的人，讓他有動力繼續狂奔。[1]

這一招適合用來激勵自己。

情緒心理學權威教授大衛・德斯諾（David DeSteno）建議我們要「策略性喚醒」正向情緒，但正向情緒有很多種，例如：興奮、愉悅、滿足、驚訝、刺激、平靜、放鬆、敬畏……等。德斯諾最推薦大家喚醒「感恩」（gratitude）、「同理」（compassion）與「自豪」（pride）這三種情緒。以感恩而言，實驗發現，當一個人激起感恩之情時，可以提高自制力，如同梅爾策在山野狂奔時。此外，感恩不只會讓人想要互惠或償還人情，也會改變大腦「跨期選擇」的障礙問題；重視未來的價值與意義，才不會偏好現在的自己而犧牲未來的自己。德斯諾點出一個重要概念是，我們以為的感激在過去，就是感激別人已經做的或已發生的事，但事實是重要的是未來，要讓愛傳出去。[2]

我們可以搭配另一個策略性喚醒感恩的研究，更快把愛傳出去。

亞當・格蘭特（Adam Grant）與珍・達頓（Jane Dutton）研究如何讓人展現出更多「利社會行為」（prosocial behavior）。他們請參加研究者寫日誌，一組回想自己給予恩惠的經驗，另一組則回想自己接受恩惠的經驗，結果發現寫下個人的善行或貢獻，且該事件有收到他人感激的善人組，比受益人組更能促進利社會行為的發生。接著，再以「自我知覺理論」（self-perception theory）來解釋，因為人們會通過觀察自己的行為來推斷自己的態度和身分，而證實主動反思個人善行或貢獻，能激發和強化相關的價值觀，進而在日後做出符合該形象的行為。[3] 格蘭特在暢銷書《給予：華頓商學院最啟發人心的一堂課》（*Give and Take*）中提示，要如何看出假給予、真索取的冒牌者，線索可以觀察是否會對沒能回報恩情的人施恩，也就是真正的給予是無條件的。[4]

我在正向心理學課程中的指定作業是回顧每天發生的三件好事或寫成感恩日記，我跟學生聊天的第一句通常會問對方：「最近有什麼好事？」如果講的事件發生時間太久遠，我就會追問近期的狀況。不用什麼大事，我自己也會記錄，發現了每天值得感恩的人事物一定會超過三件。我察覺到原來最棒的事是讓我有機會做好事。

有個測驗特別適合領導人，由商學院教授克洛蒂雅娜・拉奈（Klodiana Lanaj）、崔佛・福爾克（Trevor A. Foulk）與阿米・艾瑞斯（Amir Erez）設計，建議在早上出門前想一想，然後寫下使自己成為「優秀領導人」的三件事，可以是技能、成就、素質、能力或特徵，例如：「我是優秀領導人，因為我幫助團隊在危機中達到目標」。該研究另外比較其他時間寫下與領導無關的事，結果發現：若有寫下什麼使他們成為優秀領導人的當天，上班較有幹勁，感覺也比較不累，亦會對部屬產生正向的影響。這個研究的動機是，大家忽略了領導人的風光背後，因承擔多重角色與責任，而容易筋疲力竭，所以領導人最好一大早先自我激勵，把能量充滿。[5]

如今，很多學生只要一不滿就直接上Dcard寫幾筆，其實很多問題出在「責任」，尤其學生沒意識到自身的責任；至於是什麼樣的責任，我建議他們負「選擇」的責任（不能怪父母、師長、戀人、朋友……），首先是要負「讓自己快樂」的責任。我讓大家討論要負責的比例，剛開始學生從百分之五十起跳，以最後的百分之九十九為目標；接著再討論該怎麼準備快樂工具箱。他們想到的多半是吃喝玩樂或找朋友談心、睡覺、運動等等。我自己的方法很簡單，若陷入負面情緒時就散步，一邊走一邊細數有哪些值得感恩的地方，心情就會平復許多；如果還不夠力，就可加上唸禱告、祝福文。

上述這些方式都可以自行處理，但根據前面「利社會行為」的研究，若受人恩惠的話，一定要真誠向對方表達謝意，這個動作不能偷懶，如此才能激勵對方繼續行善。下面我再推薦一道「幸福食譜」，是由正向心理學家杜柏拉卡・米理科維克（Dubravka Miljkovic）和瑪達・里賈維克（Majda Rijavec）提供，包括六項必備材料：

1. 幾個很要好又可靠的好友（可能還要加一個壞朋友，這純粹是為了比較好、壞朋友之間的差異）
2. （一次）一個穩定的戀情
3. 具挑戰性並與你的能力相符的工作
4. 足以滿足基本需求的金錢（偶爾還能滿足一些非基本需求部分）
5. 每天至少有三件好事降臨
6. 為能有上述所有要素而感恩

我們通常是在事後才會感恩，事前的感恩叫做許願，如果想練就未來感恩許願法，要怎麼做呢？

喬・迪斯本札醫生（Joe Dispenza）建議可以成為自己的安慰劑，因為大腦不會區分想像或真實。他教我們可以在腦袋裡預演美好結果，召喚感恩進入高昂的正向情緒，然後透過「心理預演」（mental rehearsal）讓身體細胞沉浸在未來事件可能引發的神經化學狀態中，並且試著用現在式的句子來陳述。在他的著作《啟動你的內在療癒力：創造自己的人生奇蹟》（*You Are the Placebo: Making Your Mind Matter*）中詳細解釋背後的「表觀遺傳學」（epigenetics）之原理，以及運用意念改變大腦和身體的成功故事。例如高爾夫球選手會先想像球完美地上了果嶺，再從這樣的落點倒帶想像自己揮桿後球飛出去的路線、落地滾動方式等心理情境模擬完成，選手才去挑球桿，走到擊球位置。這項頂尖運動員的密技一般上班族也可以練習。[6]

因為中文用語的時態變化不似英文那麼明顯，不過我準備一個小道具，來自舊木創作的「美好歲月」工作室，舊木鑰匙圈上頭刻著「怎麼那麼棒」，旁邊還有一個笑臉，我們會這樣說話就代表一件超乎預期的好事發生了，所以我想像一件還沒發生的事，等到結果成真後便脫口而出：「怎麼那麼棒」，此時臉上肯定會掛著大大的笑容。不過，我發現處於混亂不安、痛苦的時候，人特別會嚇自己，不僅沒辦法策略性喚醒感恩，還會忍不住對老天爺開罵；但過一陣子就開始反省「這什麼態度啊」，接著假設這個事件將是拓展我舒適圈邊界的良機，萬一很順利呢？慢慢恢復希望感，最後甚至叩拜謝恩。

績效教練與暢銷書作者布蘭登・博查德（Brendon Burchard）在十九歲發生嚴重車禍，他問自己：「我活過嗎？」「我愛過嗎？」「我重要嗎？」他在《自由革命》（*The Motivation Manifesto*）書中提醒，如果生活只是感到「還可以」而已，這可是缺乏自我人生排程的跡象，代表你並未真切地活著；要堅定地捍衛自己的時間、靈魂和夢想，為人生注入更強烈的生命力，讓自己有機會徹底感受到「驚嘆」、「無盡感激」、「興奮」、「棒透了」、「獨特非凡」的感覺。那三個問題我還在努力，但這些感受在我激勵別人的過程中都曾經發生，我現在覺得非常榮幸能為他們提供服務，我不單是給予者，也是受益者。

人才辨識雷達

自稱「人才戰爭軍火商」的組織心理學家——湯瑪斯．查莫洛．普雷謬齊克（Tomas Chamorro-Premuzic），他擔任過Google、高盛、LV集團……等大企業的人才管理顧問，獨家研發一項重要裝備，就是人才辨識雷達。他透露關鍵技術——RAW，包括：「易相處性」（rewarding）、「工作能力」（able）與「工作意願」（willingness），從這三個面向來辨識優秀人才。至於搭配工具可以很多元，如果本錢多、時間夠，可以採取評鑑中心法（assessment center）、360度評量法。[7]

對激勵而言，我最有興趣的是「易相處性」這一項，訝異它居然這麼具有關鍵性。我們可以理解優秀人才很聰明、自我要求高、成就動機強，所以工作表現出色，但若是缺乏易相處性，自視甚高、團隊精神差、破壞工作和諧，反而對組織有害。普雷謬齊克指出「易相處性」的重點，不是人脈多、公關好或情緒智商高，而是能夠展現出「組織公民行為」（organizational citizenship behavior）。觀察了很多條件好、能力強的人，經常低估了這點，只把注意力放在對上、對外的人際關係經營，卻不會關懷或感謝身邊的同事，實在很可惜。

如果自認是精進專業又肯打拼的黑馬，願意開始實踐日常的激勵，必能讓自己在職場上更好相處，如此便有機會出現在人才雷達上。另一方面，組織的各層級領導人要有人才觀，把慧眼打開，或是換上新的雷達，辨識出這些人對組織的價值，然後好好栽培。

「易相處性」、「組織公民行為」是學術用語，有些拗口，我喜歡優雅一點的說法，即來自舞蹈評論家莎拉・考夫曼（Sarah L. Kaufman）所說的，就是「讓人可親可近」，簡潔明瞭。她認為相處的藝術，就是讓彼此的互動更和諧，創造出「溫暖與感激氣氛的禮貌」。[8]這絕對超出世俗的標準；多數公關應酬雖說杯觥交錯、賓主盡歡，但仍覺得自己未達到這種優雅的境界，期許在社交場合與人連結時，多表達溫暖與感激。

如果還沒有被人才雷達發現，也不要輕忽小動作。

美國大學籃球賽（NCAA）史上最長一百一十一場連勝紀錄的康乃狄克大學（UConn）女子籃球隊，其教練季諾．奧里耶馬（Geno Auriemma）會觀察球員在板凳區的行為，如果是不專心賽況、不在乎隊員，這種人絕不讓她上場打球。他看重的是會為團隊貢獻的球員，而不是超級球星。在奧里耶馬的帶領下，該隊十一次贏得全國冠軍；他同時也是奧運美國女籃代表隊的教練，至二〇一六年里約奧運，成績是六連霸。[9]這也是為什麼二〇一九年的NBA季後賽，費城76人隊首戰第四節，有位球員在板凳區滑手機被轉播鏡頭拍到，引起外界一陣撻伐。

我覺得籃球比賽最好看的是助攻，根本是神隊友的最佳示範。前NBA球星魔術強森（Magic Johnson）在進入NBA時就決定把成為助攻王作為他的職涯目標，他說小時候打球的分數大概是八十分比二十分，其中有六十五分是他投的，結果朋友都不高興；後來他決定要多多傳球，比數變成七十分比三十分，他一人獨拿四十分，但大家卻高興了。[10] 魔術強森的傳奇包括四次獲得NBA助攻王，三次獲選總決賽最有價值球員；「魔術」是對他的暱稱，評論認為他把「傳球」帶到了出神入化的境界，讓NBA球賽的娛樂性更高。助攻的時機其實很巧妙，我收過一次同事給的簡訊，稱讚我在當時任務的表現是助攻王，我很喜歡這個激勵，同時也發現原來自己沒有那麼愛進球。

只不過工作績效的評量不會計算助攻這一項，更麻煩的是，普遍出現了美國天主教大學歷史學教授傑瑞・穆勒（Jerry Z. Muller）在《失控的數據》（*The*

Tyranny of Metrics）書中所謂的「指標固著」（metric fixation）。這本書是他當上大學系主任後的體悟，除了自己本身的教學、研究和領導工作之外，還要應付大學系所評鑑的繁瑣指標，耗費大量時間在蒐集更多統計的數據來佐證，整理出來的內容圖文並茂，書面資料洋洋灑灑，不只排擠原有工作，也增加行政支出；不僅如此，大學教師撰寫論文或著作的動機，變成著重短期產出的數量而非品質，他警覺事態嚴重（高等教育界人士應該都感同身受）。書中指出職場管理一旦指標固著，就易讓員工狹隘的專注在工作績效的評量項目上，尤其是當把薪酬、獎金和升遷制度串連在一起，很容易引發資料扭曲的弊端；此外，績效指標也不太鼓勵創新，久而久之，指標取代了目標，諷刺的是，它原本應該是要協助完成組織目標才對。[11]

績效指標屬於短期主義，會助長競爭而非合作；換言之，助攻對自己沒有好處，穆勒提醒大家要正視指標被誤用和濫用，思考取得指標數據要付出的成本，以及會付出什麼沉重的代價。但整個社會對指標的固著太深，已嵌入成為組織系統運作的一部分，短期內組織可能無望掙脫。警界也有績效指標運作的缺陷，期許大家工作時多些正能量，燃起自己和團隊的熱情與希望，在工作中追求意義；可惜的是，目前在警界談這些話題看起來仍有些愚蠢（或是奢侈），尤其是領導風格為典型的威權領導，長官需要控制權力距離，講求部屬服從與忠誠。不論如何，我仍希望未來警界能出現更多非典型的領導人。如果要依領導理論的分類，本書與「真誠領導」（authentic leadership）的概念最契合，如果要訂指標的話，就用下面這些吧。[12]

1. 領導人是否改變對自己的看法？

2. 領導人是否改變對部屬潛能的看法？

3. 領導人是否改變對待部屬的行為？

4. 部屬是否改變對領導人的看法？

5. 部屬是否改變對自己的看法？

6. 部屬是否改變他們的行為？

導師與傳承

在基本設定篇中有提到上對下表達讚美的激勵，但若反過來，是上對下表達感恩的激勵效果也是非常好的。有一回上課學生說要講被長官激勵的事，我覺得很奇怪，通常基層警員很少有被長官激勵的經驗，大家洗耳恭聽，結果事件發生過程很單純，她負責警察局長交接典禮的贊禮工作，儀式進行中，站在台上的新任局長走錯位置，她趕快靠近去引導一下，典禮結束後局長走過來跟她說了一聲「謝謝！」我睜大眼說「這樣你就被激勵到了？」學生說「對啊！」她光是敘述給我們聽，就可以感到無比開心，讓我意識到上對下感恩的神奇效果。

史丹佛大學醫學院教授史蒂芬・摩菲—重松（Stephen Murphy - Shigematsu）

開設一門超高人氣的課程：「創新領導力」，他建議鍛鍊四種領導力，包括真誠領導力、僕人領導力、變革領導力與跨界領導力，以發揮團隊多元差異的優勢。為了讓每個人的個性得到尊重且深化團隊關係，可善用感恩，具體細節是重點（場面話不行）；由上對下啟動，才會帶來正向積極的作用：[13]

1. 首先，領導人對「下屬個人」表示謝意。
2. 下屬收到感謝之後，會提升「內在動機」。
3. 下屬收到感謝之後，會重複表現「好的行動」。
4. 引發「感謝的連鎖效應」。

一位在刑事鑑識單位工作的學姐，常跑刑案現場，她最感嘆年輕人誤入歧途或一時判斷錯誤，生命就此消逝；同時她也觀察到犯罪案件出現了變化，有些人的犯罪心理因素歸結為缺乏存在感，因為生活中沒有與人建立有意義的連結，太孤獨而想要表達自己的存在感，卻用錯了方式，選擇暴力或極端的行為。我覺得存在感的焦慮問題不光是犯罪者，於是向她請教補充存在感的對策，沒想到她給了我一個簡單的方法，就是說一聲「謝謝」。

耶魯大學心理學教授約翰·巴吉（John Bargh）是研究無意識的權威，他指出，我們平常的心思會飄移，不假思索就會想到某些認識的人，但往往以為對方不會想到自己或次數不多；要破解這個假設，巴吉建議我們可以隨時記錄下來生命中想起的人，然後告訴對方在何時「我有想到你」，讓對方知道你有把他（她）放在心上，傳遞的內容再加上感恩就更好了。[14]在這個隨時可以連結的時代，孤獨卻不斷地蔓延，有意義的連結更顯得彌足珍貴。

國內的EMBA雜誌曾多次採訪高階主管教練馬歇爾·葛史密斯（Marshall Goldsmith），並邀請他來臺灣演講，在某年感恩節前夕，雜誌總編輯收到他的電子郵件寫著：「今天是感恩節，我總是藉著這個機會想一想生命中應該感謝的人。感謝你……」[15]光看到報導這位大師的感恩行為就夠驚訝了；二〇一八年他決定發起收養一百名有潛力教練的計畫（The Marshall Goldsmith 100 Coaches, MG100），因他早年曾受過保羅・赫塞（Paul Hersey）、彼得・杜拉克（Peter Drucker）、法蘭西絲・賀賽蘋（Frances Hesselbein）等管理大師的指導，想效法他們當年厚待年輕晚輩的作法，卻礙於無法像富豪一樣捐贈大筆財富，所以決定奉獻經驗和智慧給未來的業界導師，希望能幫助更多領導人成長。這項教練收養計畫意義非凡，不只造福同業，亦可發揮骨牌效應，促成工作職場整體的良善轉化，將有利於更多人，也證明法國「幸福代言人」克里斯多夫・安德烈（Christophe André）在《記得要快樂》（*Et n'oublie pas d'être heureux: Abécédaire de la psychologie positive*）書上所說的：[16]

成功更好的用途是為了感恩，感謝生命賦予我們幸運，並且感謝所有的人。在我們努力的背後，總是有一連串數不清的人，曾經啟發、鼓勵、引導、幫助我們。

我們吞噬代謝了他們給予我們的一切，將這些占為己有；然而，如果沒有他們，我們會成為什麼樣的人？

希望講到這裡，你已經充分理解到激勵講求的是個體性、要有差別對待，團隊領導人如果仍遵循「一視同仁」的原則，效果會很有限。蓋洛普（Gallup）對全世界高績效組織的調查結果顯示，這些組織早就打破了一視同仁的管理迷思，不只接受員工各有差異的事實，甚至進一步利用差異。為了破解個別差異性，蓋洛普歷時二十五年、分析兩百多萬筆資料，最後歸納出三十四種「主導特質」（talent themes）。該研究成果呈現於馬克斯．白金漢（Marcus Buckingham）與唐納德．克利夫頓（Donald Clifton）合著的《發現我的天才》（*Now, Discover Your Strengths*）：裡面提及每個人都有幾項特質特別突出，且行事作風深受本身的主導特質影響，因此蓋洛普的員工都知道自己哪五項特質比較強，如有符合的工作便會自己跳出來做。例如開完會了，就有「蓋洛普人」跳出來說要負責後續的協調，因為他說自己是「安排高手」。[17]

有志成為業界導師或教練的人，《發現我的天才》書中稱這是一種「伯樂」（developer）特質，具備這項特質的人很能發現他人潛力。在伯樂眼中每個人都是加工中的半成品，他總惦記著別人的成長，積極幫助別人成功。組織裡如果有這種員工，可以請他告訴你哪些人的表現愈來愈進步，他特別會注意到別人忽略的細微進步，或讓他以師徒制的方式栽培徒弟。

亞伯特．愛因斯坦（Albert Einstein，一八七九至一九五五）在小時候還看不出他的天才特質，他也不是認真的學生，只有數學成績比較好，所幸有位伯樂出現；在十歲時遇到恩師馬克斯．塔姆德（Max Talmud），塔姆德教導愛因斯坦數學、科學，也讓他接觸哲學，且在每個星期跟他的家人共進一餐，持續六年。

一九二一年愛因斯坦獲得諾貝爾物理學獎，著名的狹義相對論方程式 E =

mc^2，在一九一二年被發現手稿上的「E」原本寫的字母是「L」，原來他真正想表達的能量是「愛」。此外，他認為宇宙宗教情感是崇高強烈的科學研究動機，這種情感是對自然法則的和諧感到驚嘆稱奇；他主張信仰概念要根植於道德而非恐懼，如果能從「恐懼式宗教」轉變到「道德宗教」才是人類的進步。[18]

愛因斯坦不只有頑童性格，也非常喜歡小孩子的好奇心，不斷收到各地孩子們來信，有的他還會親自回信給予鼓勵。信件後來被整理出版，在此引用一封一九五一年的信：[19]

> 親愛的愛因斯坦先生：
>
> 我是一個六歲的女生。
>
> 我在報紙上看到您的照片，我覺得您該剪頭髮了，剪了會比較好看。
>
> 安　敬上

暢銷書《80／20法則》（*The 80/20 Principle*）作者理查・柯克（Richard Koch）為領導人歸納出十種方法，把80／20法則應用到工作上：即投入少量心力、產出更大效果，其中一種方法正是「導師工作法」。首先他澄清大家對導師工作的誤解，以為要花很多時間才行，其實80／20法則的精髓就是，領導人認清激勵的需要，在適當時機以正確的同理心和強度，只要花幾分鐘對談即可，不必滔滔不絕或說教。柯克更提醒千萬不要變成例行公事，直覺會告訴你在什麼時間、地點應該花幾分鐘來輔導。[20]

剛開始撰寫這本書，原本希望有一部分內容是關於觀察高科技對於未來職場工作而帶來的衝擊與變化，因為機器人同事完全不需要激勵，但對人類同事就有很大的差異了。我覺得最有趣的思考來自加州大學爾灣分校哲學教授亞倫・詹姆斯（Aaron James），他自稱是「終身衝浪客兼職業哲學家」，基本主張是「休閒資本主義」，意思是少點工作，多享受休閒，以及思考人生存在的意義。在《衝浪板上的哲學家》（*Surfing with Sartre: An Aquatic Inquiry into a Life of Meaning*）書中，針對大家憂心未來工作是否會被機器人取代的議題，衝浪客有不同見解。他認為要思考的問題不是我們該不該工作，而是我們是否為了美好的生活水準而做了太多的工作？書裡有一段文字非常有畫面：[21]

衝浪客所蓄積的直覺領會與身體調節能夠與波浪合而為一，這時衝浪客就會「衝破」常規，以難以置信的速度、極其炫麗的動作，展現出張力十足、動人心魄的風格。……衝浪客的目標並非在於變得無拘無束，或是控制無法控制的對象，而是在成就——不靠控制便能展現的成就。在人類所處的境況中也有一種無需事事控制便能展現的成就功業方法。從衝浪客的角度來看，大概可以說：「不要勉強，順勢而為。因緣總有聚合之時。做好接下來的每一動就好。」

激勵者可以仿效衝浪客，做好接下來的每一動。我體驗過激勵最神奇的效果，是因為聽從直覺行事，不期不待，卻恰巧提供對方需要的訊息，這是因緣俱足的超強激勵。如果信任度不夠，對方沒有解除防衛，恐怕效果有限。要專精激勵的能力，就得成為更好的傾聽者，然後等待上場時機。

團隊領導人如果要進一步實踐80／20法則，柯克建議留意下列三種對象：一是渴望獲得輔導，二是已經表現不錯的人，三是表現不佳而陷入掙扎的人；適時適地對他們提供關心、指引和忠告，這樣的激勵會更有感，不用一直燃燒自己，以免落入「拯救者情節」。有次我花很長時間激勵一個學生，談完後，自己反而覺得心情有些沉重，牽車時發現機車沒有油了，油箱蓋亦怎麼也打不開，這巧合提醒了我，對方可能連油箱蓋都沒打開（結果就把整組零件換新）。此外，當時我也落入拯救者情節的陷阱，採取醫病關係的框架（忘了當衝浪客），把將對方「治好」的責任轉嫁到自己身上，這樣的定位反而對我造成了極大的壓力，我才明白想成為拯救者是自己過度的期望了，也忽略了真正的激勵是要有信心，讓對方相信自己的力量。

優秀的導師會知道自己的角色和功能，且渴望能夠傳承，如果在關鍵時刻無法開口，他們其實會有些失望。在哈佛大學商學院開設「經營人生企業」課程的霍華．史蒂文森（Howard H. Stevenson），認為導師分為兩種，一種是事業導師、一種是人生導師，目的和互動方式皆不同。事業導師會提供短期的職涯建議，人生導師則把一切看成整體。當徒弟的要主動些，投入心力去維持師徒關係，才能真正受用。史蒂文森在哈佛任教超過四十年，桃李遍布各大企業，是學生們遇到生命中重大決定或挑戰時第一個想求教的對象，他奉行的人生智慧是：「要濺出水花，更要激起漣漪」。他自己更是最成功的大學募款人，為哈佛募款逾六億美元，這樣的漣漪實在太壯觀了。[22]

在工作場合要遇到事業導師比較容易，有高人指點可以幫你少走點冤枉路；人生導師則要看緣分，求學期間或許有機會，但要自己去找；被喻為「領導學之父」的華倫．班尼斯（Warren Bennis，一九二五至二〇一四年），其第一個領導職位是在第二次世界大戰時擔任美國陸軍軍官，當年他才十九歲。軍中講求服從上級命令，他發現大部分的軍官不知道贏得兄弟們的尊重的重要性。退伍後他決定讀大學，導師正是以X、Y激勵理論聞名的道格拉斯．麥格瑞格（Douglas McGregor）。班尼斯在大三的時候跑去問麥格瑞格可不可以當他的導師，提供一對一指導，這段亦師亦友關係令他非常感念。

麥格瑞格會邀請班尼斯跟當時的學界明星一起吃飯，還會帶著他到外面開會（他負責提包包），在《驚喜的年代，華倫班尼斯回憶錄：我走過的領導路》（*Still Surprised: A Memoir of a Life in Leadership*）書中，班尼斯形容年輕時和麥格瑞格生命交會的感受是「我的宇宙正在不斷擴大」。日後他在南加大當教授時，發現有些學生很特別，總會想辦法把他拉進生命中，讓他不由自主的關心和提攜，這種學生實在太聰慧了。

一九八五年班尼斯與柏特・耐諾斯（Burt Nanus）合著的《領導新論》（*Leaders*），一共訪談了九十位美國各界重量級的領導人，皆親自接觸以獲取第一手資料，可謂是難能可貴，也因此奠定了大師地位。班尼斯擔任多家企業領導人的顧問，有四位美國總統曾向他請益。他畢生著作超過三十本，可以從其內容領略領導人如何在風不平浪不靜的情況下作決策，關於如何有效率且成功化解危機，他給了三項建議：[23]

1. 一個齊心協力和受到信賴的團隊；

2. 描繪組織未來成功的可傳授觀點（teachable points of view）和故事大綱；

3. 在整個危機期間，致力於培養其他領導人。

希望你讀到這裡，已經發現上述建議跟本書要傳達的重點是一致的。

我是米蘭理工大學領導力和創新教授羅伯託・維甘提（Roberto Verganti）的粉

絲，在本書的最後，我想要幫他宣揚一下，他提出「設計驅動創新」的兩種途徑，一種是解決方案創新，另一種是意義創新。前者代表有問題要解決，產品設計過程通常專注於技術替代，強調優化；後者則不太關注使用問題，而是注重如何讓人愛上新的意義。產品設計就像製作禮物，要讓人們愛上產品，需要看到禮物製造者的愛，然後說：**「哇！我沒有想到這一點，這多好啊！」**[24]

維甘提在《追尋意義：開啟創新的下一個階段》（*Overcrowded: Designing Meaningful Products in a World Awash with Ideas*）書中解釋意義創新時大量使用「愛」字，可令人欣喜地閱讀。華頓商學院教授席格．巴薩德（Sigal Barsade）則是另一個職場上推廣愛的人，她倡議要重視並創造組織的「情緒文化」（emotional culture），她的演講題目很精準：「你需要的就是……在工作中有愛」（All You Need is Love…at Work）。[25] 雖然我不是產品設計師，但我認真實踐意義創新理論，在激勵時我不花力氣找對方陳年的老問題，反而投入找尋新的意義，讓對方想像美好的未來；重點不是要對方改變，而是促成蛻變。

如果我是禮物製造者，禮物的材料來自他們本身，最棒的激勵其實是讓他們愛上蛻變後的自己。

附錄——激勵工具箱

《你的專屬魅力說明書》[1]

初次見面時，我通常會派這本書上場，它可以發現對方自己都不知道的魅力所在，讓對話順利又真誠的開展下去，誰不喜歡當有魅力的人呢？（建議不要使用憂鬱或壓力量表，這樣會把不堪回首的記憶再重新提取，氣氛可能不太好。）本書作者莎莉．霍格斯海德（Sally Hogshead）是廣告行銷專家，她認為每個人都能散發魅力，但卻不太認識自己的魅力。書中提出的「性格優勢」概念，包括下列七種：

（一）創新：創意點子和解決方案

（二）熱忱：營造溫暖的情感聯繫

（三）權威：透過權勢領導

（四）聲望：以更高的標準贏得成功

（五）信任：與時俱進建立忠誠度

（六）神祕：三思而後言

（七）警戒：審慎周密

作法是挑選其中二個像自己的概念，搭配結果會組合出四十九種性格原型，只是比例上有主要和次要的影響。當學生發現到自己的魅力時總覺得新奇，我會鼓勵他們盡量挑選適合自己魅力的工作或業務，較有機會發光發熱。特別的是，警大似乎特產「警戒」性格的學生，因為治安工作需要很多堅守崗位的人。

《人人都有超級馬力》[2]

作者塔瑪拉．羅葳（Tamara Lowe）曾是警察的目標對象，父母皆是成功的商界人士，她卻從小不學好，10歲開始吸毒、12歲販毒，然後被捕入獄。幸運的是，她在獄中服刑期間受到激勵，發現激勵的強大力量，鑽研出一套獨門的模式。現在許多政商名流要找她當顧問，從她的個人經驗來談，她相信沒有不能被激勵的人，只是每個人的啟動模式不同而已，這套模式稱為「激勵DNA」，包括三大類、六項激勵因子：

（一）任務導向vs.關係導向

（二）偏好穩定vs.偏好變化

（三）精神獎賞vs.物質獎賞

這些因子可以組合成八種激勵類型，書中附有量表。上課時我會請學生作量表，也請他們練習判斷身邊的人。建議從「精神獎賞 vs. 物質獎賞」來觀察對方，以派出所所長為例，如果同仁屬於精神獎賞的人，可以口頭稱讚或寫張感謝卡來激勵他；如果同仁屬於物質獎賞的人，適合送個禮物、請吃飯或記功獎。我問學生，如果是自己親密的另一半呢？

不用想，兩種都要。

《理想生活的起點》[3]

是暢銷書作家葛瑞琴・魯賓（Gretchen Rubin）所著，算是《烏托邦的日常》的續集。在烏托邦那本主要談改變習慣，這本則提供工具，強調先認識自己的傾向，才能提高習慣改變的成功率。四種人格傾向分別是「自律者」、「質疑者」、「盡責者」與「叛逆者」，那該怎麼分辨呢？她舉了一個換燈泡的例子來觀察：

你要怎麼讓自律者換燈泡？「他已經換好了。」

你要怎麼讓質疑者換燈泡？「我們到底為什麼需要那個燈泡？」

你要怎麼讓盡責者換燈泡？「要求他去做。」

你要怎麼讓叛逆者換燈泡？「你自己做。」

有個學生很羨慕他人充滿目標，好像腳踩著一顆顆的石頭就可到達對岸，自己前方卻是一片霧茫茫，後方河岸也回不去了。因為學生測出來的人格傾向是質疑者，我對他說，只要找到對你是合理解釋的那顆石頭，哪怕一次只出現一顆，就踩過去吧！

對於指導的學生，也會用這個工具來了解其傾向，才知道用什麼方式掌握寫論文的進度，我最喜歡遇到自律者和盡責者，他們不太需要我盯；而我也不擔心遇到叛逆者，因為我自己就是。

《從讚賞開始，改變你的職場關係》4

知名婚姻家庭輔導專家、《愛之語》的作者蓋瑞・巧門（Gary Chapman）提出五種表達愛意的方式，包括：肯定言語、優質時光、服務行動、贈予禮物及肢體接觸，這本是他和保羅・懷特（Paul White）合著的職場應用版。重點是前面四種表達方式，稱為「讚賞語言」（Appreciation Languages）。掌握對方的讚賞語言，激勵效果最好。

書中有一量表，有人做出來發現自己屬於「優質時光」類型，一開始很洩氣，覺得在警大生活管理嚴格又不自由，根本無緣享受優質時光。我提醒他，要先讓自己成為有料、不無趣的人，別人才會想要花時間跟你在一起，而且只要創意足夠，誰說讀警大不能度過優質時光。結果，有位學生跟我約時，就問：「老師，可以跟你優質時光嗎？」

《情緒解鎖》[5]

解決情緒問題的作法之一是「詞彙」，大多數人都詞窮，沒辦法以精準的詞彙表達情緒。耶魯大學教授馬克・布雷克特（Marc Brackett）在本書提供「情緒儀表」（Emotion Meter），依正、負面和活力高低的程度分為四個象限，每個象限各有二十五個有關情緒的形容詞，總計一百個。我是請學生挑出一至三個，描述自己的感受。

例如學生實習結束，我用「情緒儀表」詢問實習的心得，結果挑了「振奮的」（upbeat）、「受到啟發的」（inspired）、「滿懷感謝的」（grateful），那我就知道這次實習對學生是有成長且成果豐碩。遇到心情不好的人，這張表更好用，我請對方從負面象限中挑起，這樣就知道具體的感受是什麼，當然目標就是將負面情緒移動到正面的情緒感受。

謝辭

這本書稿對我而言是重要且機密的文件，所以我決定在電腦上設一個外人難以辨識破解的檔案夾來存放，命名為「寫高興的」，這成功地激勵了我一點一滴累積內容；更神奇的是，有時真的會高興到忘卻了已經頭昏眼花、腰痠背痛。如今書誕生了，希望你讀得高興。

首先感謝上過我團隊激勵課，以及來敲門尋求心靈成長、想認識自己是誰的學生，是你們讓我相信激勵是有需求、有功效的，而且是有創意、非常好玩的，所以啟發了我可以來跟其他人分享。如果書裡提到了你們的故事，請自己對號入座。也很感謝我的親友團，當我要實驗某些激勵作法或測試量表工具時，你們都心甘情願。

出現在我生命中的貴人，謝謝你們的存在，而且對我有信心，比我還早看出我的可能性；現在的我是由你們的愛灌溉而成，因為領受到爆炸多的愛，無法一一報答，謹此透過這本書散播出去。

最後，感謝出版社讓這本書有緣來到你的面前，如果它有觸動你，還讓你想劃重點或做點小筆記，對我是很大的激勵。但書裡有我對擔任領導角色的偏見，可能有人覺得過暖，是的，我就是要矯枉過正。

所以，如果你願意每天練習激勵，相信有很多人正等著要讓你練習。

【引言】

1 Finkelstein, S.（2017）。**無法測量的領導藝術：跟超級老闆學帶人——他們不說、沒人會懂的非典型×跨世代人才培育**（廖崇佑，譯）。臺北市：大寫。（原著出版於2016年）

2 Schwartz, B.（2016）。**我們爲何工作**（李芳齡，譯）。臺北市：天下雜誌。（原著出版於2015年）

3 Gabor, A.（2000）。**新世紀管理大師**（齊若蘭，譯）。臺北市：時報文化。（原著出版於2000年）

4 Brown, D.（2021）。**破壞性競爭：Apple vs. BlackBerry，H&M vs. ZARA，Bumble vs. Tinder，看巨頭爭霸如何鞏固優勢、瓜分市場！**（李立心、柯文敏，譯）。臺北市：商周。（原著出版於2021年）。福特介紹車廠的引言出自第22至23頁。

5 Avent, R.（2017）。**二十一世紀工作論：勞工被人工智慧取代，我們的工作、生活與社會將往哪裡去？會變得更糟或是更好？**（張美惠，譯）。臺北市：城邦商業周刊。（原著出版於2015年），第69頁。

6 Ford, H.（2001）。**世紀的展望：亨利．福特生產管理的前瞻觀點**（席玉蘋，譯）。臺北市：臺灣商務。（原著出版於1926年）

7 Corrigan, P.（2010）。**消費社會學**（王宏仁，譯）。臺北市：群學。（原著出版於1997年）

8 McChrystal, S.A., Collins, T., Silverman, D., & Fussell, C.（2016）。**美軍四星上將教你打造黃金團隊：從急診室到NASA都在用的領導策略**（吳慕書，譯）。臺北市：商周。（原

著出版於2016年）

9 Hackman, J. R., & Oldham, G. R. (1975). Development of the Job Diagnostic Survey. *Journal of Applied Psychology*, 60, 159–170.

10 Burkus, D.（2016）。**別用你知道的方式管理員工：Netflix、Google、麥肯錫讓年營收倍增、生產力飆升的顛覆性管理**（范堯寬，譯）。臺北市：商周。（原著出版於2016年）

11 Hidalgo, C.（2016）。**資訊裂變：iPhone、超跑、無人機，全球經濟與想像力結晶的發展之路**（戴至中，譯）。臺北市：日月文化。（原著出版於2015年）。引言出自第76至77頁。

12 Cowen, T.（2020）。**企業的惡與善：從經濟學的角度，思考企業和資本主義的存在意義**（徐立妍，譯）。臺北市：經濟新潮社。（原著出版於2019年）。

13 尾原和啟（2019）。**動機革命：寫給不想爲了錢工作的世代**（鄭曉蘭，譯）。臺北市：平安文化。（原著出版於2018年）

14 Buckingham, M., & Goodall, A.（2019）。**關於工作的9大謊言**（李芳齡，譯）。新北市：星出版。（原著出版於2019年）。

15 關係式工作設計參閱 Grant, A. M. (2007). Relational job design and the motivation to make a prosocial difference. *Academy of Management Review*, 32, 393–417. 電話募款實驗參閱 Grant, A. M.（2014）。**給予：華頓商學院最啟發人心的一堂課**（汪芃，譯）。臺北市：平安文化。（原著出版於2012年），第204至207頁。

16 Borba, Michele（2017）。**我們都錯了！同理心才是孩子成功的關鍵**（郭貞伶譯），臺北市：字畝。（原著出版於 2016 年）

17 Haidt, J.（2015）。**好人總是自以爲是：政治與宗教如何將我們四分五裂**（姚怡平，譯）。臺北市：網路與書。（原著出版於 2013 年），第 361 至 362 頁。TED 的演講：「Religion, evolution, and the ecstasy of self-transcendence」，https://www.ted.com/talks/jonathan_haidt_on_the_moral_mind?language=zh-tw

18 奇異與 721 法則參閱田口力（2016）。**勇敢做自己：奇異管理學院的 7 堂學習課**（侯詠馨，譯）。臺北市：大樂文化。（原著出版於 2014 年）。學院的成功關鍵參閱張漢宜（2011 年 4 月 13 日）。奇異三秘訣、孕生領導精英。**天下雜誌第 402 期**，https://www.cw.com.tw/article/article.action?id=5002475

19 Scott, K.（2019）。**徹底坦率：一種有溫度而眞誠的領導**（吳書榆，譯）。臺北市：遠見天下文化。（原著出版於 2017 年）

20 Janssen, B. & Grün, A.（2021）。**帶心：黑色職場蛻變成夢幻企業，席捲德國企管界的無聲革命**（鄭玉英，譯）。臺北市：今週刊。（原著出版於 2017 年）

21 Ferrucci, P.（2011）。**美，靈魂的禮物**（廖婉如，譯）。臺北市：心靈工作文化。（原著出版於 2009 年）

22 Leberecht, T.（2015）。**浪漫企業家，新一波經濟革命再起**（洪士美，譯）。臺北市：今周刊。（原著出版於 2015 年）

【第1章】激勵的力量

1 Cross, R. & Parker, A. (2004). *The hidden power of social networks: Understanding how work really gets done in organizations*. Boston, MA: Harvard Business School Press.

2 Brafman, O. & Beckstrom, R. A.（2007）。**海星與蜘蛛：分權組織的新策略與優勢**（洪懿妍，譯）。臺北市：遠流。（原著出版於2006年）

3 Noma故事請參閱Rydahl, M.（2015）。**幸福好日子：向全世界最快樂的丹麥人學習滿意生活的10項秘訣**（顧淑馨，譯）。臺北市：大塊文化。（原著出版於2014年）。第141至144頁。

4 Sharot, T.（2018）。**你的大腦決定你是誰：從腦科學、行爲經濟學、心理學，了解影響與說服他人的關鍵因素**（劉復苓，譯）。臺北市：經濟新潮社。（原著出版於2017年）

5 亞倫德上任後的作為請參閱Eurich, T.（2018）。**深度洞察力：克服認知偏見，喚醒自我覺察，看清內在的自己，也了解別人如何看待你**（錢基蓮，譯）。臺北市：時報文化。（原著出版於2012年），第111頁。她給女兒的信 https://www.linkedin.com/pulse/letter-my-daughters-always-present-angela-ahrendts

6 Frei, F. X. (2008). The four things a service business must get right. https://hbr.org/2008/04/the-four-things-a-service-business-must-get-right

7 Dixon M., Toman, N., & Delisi, R.（2014）。**別再拼命討好顧客**（陳琇玲，譯）。臺北市：商周。（原著出版於2013年）

8 Hoffeld, D.（2019）。**銷售的科學：科學幫你駭進顧客大腦！順著對方的決策邏輯溝通，讓你碰到奧客、壞景氣都順利成交**（周詩婷，譯）。臺北市：光現。（原著出版於2016年）

9 DeRose C. & Tichy, N. M.（2013）。**讓員工敢作決定：主管的能耐在於看出員工的才幹**（廖文秀、沈世華，譯）。臺北市：大樂文化。（原著出版於2012年）

10 Hamel G. & Zanini, M.（2021）。**人本體制：策略大師哈默爾激發創造力的組織革命**（周詩婷，譯）。臺北市：遠現天下文化。（原著出版於2020年）

11 Zohar, D.（2001）。**第三智慧：運用量子思維建立組織創造性思考模式**（謝綺蓉，譯）。臺北市：大塊文化。（原著出版於1997年）

12 Heskett, J. L., Jones, T. O., Loveman, G. W., Sasser, W. E. Jr & Schlesinger, L. A.（2015）。**讓好服務變成好生意**（李明，譯）。哈佛商業評論繁體中文版。2015年1月號。（原文" Putting the Service-Profit Chain to Work 出版於 HBR, July-August, 2008）https://www.hbrtaiwan.com/article_content_AR0002976.html

13 Chapman, B. & Sisdia, R.（2016）。**每個員工都重要：把員工擺第一，關愛猶如家人，你會擁有超凡力量**（席玉蘋，譯）。臺北市：晨星。（原著出版於2015年）

14 McCord, P.（2018）。**給力：矽谷有史以來最重要文件 NEXFLIX 維持創新動能的人才策略**（李芳齡，譯）。臺北市：大塊文化。（原著出版於2018年）

15 Tylor, W. C. & LaBarre, P.（2008）。**發明未來的企業**（林茂昌，譯）。臺北市：大塊文化。（原著出版於2003年）

16 Hasting, R. & Meyer, E.（2020）。**零規則**（韓絜光，譯）。臺北市：大塊文化。（原著出版於 2020 年）

17 Lyons, D.（2020）。**失控企業下的白老鼠：勞工如何落入血汗低薪的陷阱？**（朱崇旻，譯）。臺北市：時報。（原著出版於 2018 年）

18 *Groysberg*, B., Nanda, A.,& Nohria, N. (2004). The risky business of *hiring stars. Harvard Business Review*, 82(5), 92–100.

19 Groysberg, B.（2008）。**職場女將的技能隨身碟**。（鄧嘉玲，譯）。**哈佛商業評論繁體中文版**。2008 年 2 月號。（原文" How Star Women Build Portable Skills" 出版於 HBR, February, 2008）。https://www.hbrtaiwan.com/article_content_AR0000661_2.html

20 Wiseman, R.（2019）。**平凡人也能一步登「天」的致勝科學**（洪慧芳，譯）。臺北市：時報。（原著出版於 2019 年）

21 「fairness」中文翻譯為「公道」為宜，我與范疇的意見一致，請參見范疇（2016/08/09）。雞同鴨講——「正義」與「公平」。https://opinion.udn.com/opinion/story/6067/1883340

22 Brockner, J.（2017）。**目標不講仁慈，但做事不需要傷痕：既要求成果，也講究「高品質過程」的管理小革命**（簡美娟，譯）。臺北市：大雁文化。（原著出版於 2016 年）

23 Avolio, B. J. & Luthans, F.（2006）。**真誠領導發展與實踐**（袁世珮，譯）。臺北市：麥格羅希爾。（原著出版於 2006 年）。通用汽車工廠的故事出自第 36 頁。

24 Caslen, R. L. & Matthews, M. D.（2021）。**致勝品格：誠實、勇氣、決斷、同情心……，**

24種最經得起考驗的價值觀與競爭優勢（林奕伶，譯）。臺北市：采實文化。（原著出版於2020年）。醫院故事出自第214至217頁。

25 Raghunathan, R.（2017）。**改變20萬人的快樂學：追求快樂的7大錯誤×7個習慣×7種練習**（姬健梅，譯）。臺北市：平安文化。（原著出版於2016年）

26 Archer, J. & Jockers, M. L.（2016）。**暢銷書密碼**（葉妍伶，譯）。臺北市：雲夢千里。（原著出版於2016年）。引言出自第161頁。

【第2章】領導的日常

1 Langer, E. J.（2010）。**逆時針：哈佛教授教你重返最佳狀態**（陳雅雲，譯）。臺北市：方智。（原著出版於2009年）

2 Achor, S.（2019）。**共好與同贏：哈佛快樂專家教你把個人潛力變成集體能力，擴散成功與快樂的感染力**（歐陽端端，譯）。臺北市：時報文化。（原著出版於2018年）

3 Webb, C.（2016）。**好日子革新手冊：充分利用行爲科學的力量，把雨天變晴天，週一症候群退散**（許恬寧，譯）。臺北市：大塊文化。（原著出版於2016年）

4 Duarte, N.（2015）。**跟誰簡報都成功**（呂奕欣，譯）。臺北市：遠見天下文化。（原著出版於2012年）

5 第十七世大寶法王噶瑪巴·鄔金欽列多傑（2019）。**從同理到慈悲：大寶法王給網路世代的十二堂課**（施心慧，譯）。臺北市：時報文化。（原著出版於2017年）引言出自第

196頁。

6 Pew Research Center (2017). Behind the badge. https://www.pewsocialtrends.org/wp-content/uploads/sites/3/2017/01/Police-Report_FINAL_web.pdf

7 Klein, S.（2004）。**不斷幸福論**（陳素幸，譯）。臺北市：大塊文化。（原著出版於2002年）。引言出自第96頁。

8 Conant, D. & Norgaard, M.（2011）。**領導，就在短暫互動中**（顧淑馨，譯）。臺北市：天下雜誌。（原著出版於2011年）。三萬封感謝函的事蹟，引自Kaplan, J.（2016）。**感恩日記**（林靜華，譯）。臺北市：平安文化。（原著出版於2015年）。第161至162頁。

9 Stengel, R.（2002）。**恭維趣史**（林為正，譯）。臺北市：先覺。（原著出版於2000年）

10 Dweck, C. S.（2017）。**心態致勝：全新成功心理學**（李芳齡，譯）。臺北市：遠見天下文化。（原著出版於2006年）。

11 Wood, R. E., & Bandura, A. (1989). Impact of conceptions of ability on self-regulatory mechanisms and complex decision making. *Journal of Personality and Social Psychology*, 56, 407-415.

12 Brroks, C. A.（2021）。**愛你的敵人：如何處理對立與輕視，尊重意見不同的人**（楊晴、陳雅馨，譯）。臺北市：商周。（原著出版於2019年）

13 瑪拉．歐姆斯德的故事請參閱Bloom, P.（2014）。**香醇的紅酒比較貴，還是昂貴的紅酒比較香？從食物、性、消費、藝術看人類的選擇偏好，破解快樂背後的行爲心理**（陳淑娟，

譯）。臺北市：商周。（原著出版於 2010 年）

14 杜維克被退稿的故事請參閱 Bacal, J.（2017）。**人生本來就塗塗改改**（李芳齡，譯）。臺北市：天下雜誌。（原著出版於 2014 年）。第 25 篇採訪「成長型思維，更勝於讚美」。

15 Galef J.（2021）。**零盲點思維：8個洞察習慣，幫你自動跨越偏見，提升判斷能力**（許玉意，譯）。臺北市：天下雜誌。（原著出版於 2021 年）

16 Hamacher, A., Bianchi-Berthouze, N., Pipe, A. G., & Eder, K. (2017). Believing in BERT: Using expressive communication to enhance trust and counteract operational error in physical Human-robot interaction. In 2016 25th IEEE International Symposium on Robot and Human Interactive Communication (RO-MAN 2016): Proceedings of a meeting held 26-31 August 2016, New York, New York, USA (pp. 493-500).

17 Schweitzer, M. E., Hershey, J. C., & Bradlow, E. T. (2006). Promises and Lies: Restoring Violated Trust. *Organizational Behavior and Human Decision Processes*, 101 (1), 1-19.

18 Nussbaum M. C.（2017）。**憤怒與寬恕：重思正義與法律背後的情感價值**（高忠義，譯）。臺北市：商周。（原著出版於 2016 年）。引言出自第 226 頁。

19 Duckworth, A.（2016）。**恆毅力：人生成功的究極能力**（洪慧芳，譯）。臺北市：天下雜誌。（原著出版於 2016 年）。2017 年 1 月安琪拉・達克沃斯來臺演講的報導，https://www.thenewslens.com/article/58372。天下雜誌的專訪，https://www.cw.com.tw/article/article.action?id=5080369

20 Haidt, J. & Lukianoff, G.（2020）。**爲什麼我們製造出玻璃心世代？：本世紀最大規模心理危機，看美國高等教育的「安全文化」如何讓下一代變得脆弱、反智、反民主**（朱怡康，譯）。臺北市：麥田。（原著出版於 2018 年）。

21 Daskal, L.（2020）。**領導者的光與影：學習自我覺察、誠實面對心魔，你能成爲更好的領導者**（戴至中，譯）。臺北市：經濟新潮社。（原著出版於 2017 年）

22 王之杰（2019）。風險大師馬克斯：風暴發生，這時候賺錢最容易。商業週刊，1627 期，https://www.businessweekly.com.tw/magazine/Article_page.aspx?id=37621

23 Menkes, J.（2012）。**壓力下竟能表現更好！爲什麼有些人一路向上，有些人卻原地打轉？**（劉盈君，譯）。臺北市：天下文化。（原著出版於 2011 年）

【第 3 章】激勵的社交

1 Harari, Y. N.（2017）。**人類大命運：從智人到神人**（林俊宏，譯）。**臺北市：遠見天下文化**。（原著出版於 2015 年）

2 Alkon, A.（2019）。**科學脫魯法：贏回你的主控權、活得有種、打造理想人生**（林麗雪，譯）。臺北市：新樂園。（原著出版於 2012 年）。引言出自第 142 至 143 頁

3 Lieberman, M. D.（2018）。**社交天性：人類如何成爲與生俱來的讀心者**（林奕伶，譯）。臺北市：大牌。（原著出版於 2013 年）

4 Diamond, J.（2014）。**昨日世界：找回文明新命脈**（廖月娟，譯）。臺北市：時報文化。

（原著出版於 2012 年）

5 Maestripieri, D.（2014）。**人類還在玩猿猴把戲？：演化生物學家揭開人類社交行爲的秘密**（吳寶沛，譯）。臺北市：橡實文化。（原著出版於 2012 年）

6 Khanna, P.（2018）。**連結力：未來版圖—超級城市與全球供應鏈，創造新商業文明，翻轉你的世界觀**（吳國卿，譯）。臺北市：聯經。（原著出版於 2016 年）。引言出自第 38 頁。

7 Doty, J. R.（2016）。**你的心，是最強大的魔法**（林靜華，譯）。臺北市：平安文化。（原著出版於 2016 年）。引言出自第 116 頁。

8 ELLE 專訪（2019/11/15）故事導演 Marc Smith 親解《冰雪奇緣 2》10 大看點！艾莎的魔力並非天生？她的爸媽到底去了哪裡？ https://www.elle.com/tw/entertainment/drama/g29798730/frozen-2-highlights-by-director/

9 Kaufman, S. B.（2021）。**巔峰心態：需求層次理論的全新演繹，掌握自我實現的致勝關鍵**（張馨方，譯）。臺北市：馬可孛羅文化。（原著出版於 2020 年）

10 *Bartels*, A., & *Zeki*, S. (2000). The neural basis of romantic *love*. NeuroReport, 11(17), 3829-3834.

11 Zak, P. J.（2018）。**信任因子：信任如何影響大腦運作、激勵員工、達到組織目標**（高子梅，譯）。臺北市：如果。（原著出版於 2017 年）

12 Botelho, E. L.（2019）。**CEO 基因—四種致勝行爲，帶他們走向世界頂尖之路**（張簡守展，譯）。臺北市：大雁文化（原著出版於 2018 年）。

13 Halvorson, H. G.（2014，9月1日）。**用一個字就可以激勵員工**（蘇偉信，譯）。哈佛商業評論。取自 https://www.hbrtaiwan.com/article_content_AR0004383.html

14 Schnall, S., Harber, K. D., Stefanucci, J. K., & Proffitt, D. R. (2008). Social support and the perception of geographical slant. *Journal of Experimental Social Psychology*, 44, 1246-1255.

15 Janssen, B. & Grün, A.（2021）。**帶心：黑色職場蛻變成夢幻企業，席捲德國企管界的無聲革命**（鄭玉英，譯）。臺北市：今週刊。（原著出版於2017年）。引言出自第104至105頁。

16 Fredrickson, B. L.（2015）。**愛是正能量，不練習，會消失！：愛到底是什麼？爲何產生？怎樣練習？如何持續？**（蕭瀟，譯）。臺北市：橡實文化。（原著出版於2013年）。教師建立正向連結的例子出自第242至252頁。

17 Jeevan, S.（2022）。**內在驅動力：不需外在獎勵和誘因，引燃700萬人生命變革的關鍵力量**（林步昇，譯）。臺北市：先覺。（原著出版於2021年）

18 Prince, V.（2018）。**一個領導者的朝聖之路：步行跨越西班牙30天，學會受用30年的處事哲學，突破逆境，邁向目標**（葉織茵、林麗雪，譯）。臺北市：采實文化。（原著出版於2017年）

19 Gentile, D.A., Sweet, D.M. & He, L. (2019). Caring for others cares for the self: An Experimental test of brief downward social comparison, loving-kindness, and interconnectedness contemplations. *Journal of Happiness Studies*. doi:10.1007/s10902-019-00100-2

20 勞動部勞動力發展署（2018）。2018 職場幸福攻略大調查。取自 https://www.taiwanjobs.gov.tw/Internet/2018/Survey/half_2/index.html

21 Hill, A. L., Rand, D. G., Nowak, M. A., & Christakis, N. A. (2010). Infectious disease modeling of social contagion in networks. PLoS Computational Biology, 6(11), e1000968. doi:10.1371/journal.pcbi.1000968.

22 Jacson, M. O.（2021）。**人際網絡解密：史丹佛教授剖析，你在人群中的位置，如何決定你的未來**（顏嘉儀，譯）。臺北市：先覺。（原著出版於 2019 年）

23 Pentland, A.（2014）。**數位麵包屑的各種好主意：社會物理學—剖析意念傳播的新科學**（許瑞宋，譯）。臺北市：大塊文化。（原著出版於 2014 年）

24 Dhawn, E.（2021）。**數位肢體語言讀心術：當「字面意思」變成「我不是那個意思」……你必須讀懂螢幕圖文、數位語言背後的真實意思**。（李宛容，譯）。臺北市：大是文化。（原著出版於 2021 年）

25 林夕（2014）。**是非疲勞**。臺北市：遠見。引言出自第127至128頁。

26 Turkle, S.（2018）。**重新與人對話：迎接數位時代的人際考驗，修補親密關係的對話療法**（洪慧芳，譯）。臺北市：時報。（原著出版於 2015 年）

27 西班牙實境廣告「最重要的人啊，我們還有多少時間」（附中文字幕）https://www.youtube.com/watch?v=SKR2SK-GuBs&feature=youtu.be&fbclid=IwAR2n56LpkH-d1t1JRA7zQzIN20vlH6zPWWKtcWB2AESLCMXgI7EOx32cwDs

28 https://datareportal.com/reports/a-decade-in-digital（2021年11月統計）

29 Cable, D. M. (2018). *Alive at work: The neuroscience of helping your people love what they do.* Boston, MA: Harvard Business Review Press.

30 Cable, D. M., Gino, F., & Staats, B. R. (2013). Breaking them in or eliciting their best? Reframing socialization around newcomers' authentic self-expression. *Administrative Science Quarterly*, 58 (1), 1-36. 法蘭西絲卡．吉諾 Francesca Gino（2015/06/25）。培養會自行思考的員工。哈佛商業評論中文版。https://www.hbrtaiwan.com/article_content_AR0004591.html

【第4章】激勵是發現內在眞實

1 Gino, F.（2020）。**莫守成規**（周宜芳，譯）。臺北市：天下雜誌。（原著出版於2018年）

2 Schlenker, B. R. (2012). Self-presentation. In M. R. Leary & J. P. Tangney (Eds.), *Handbook of self and identity* (pp. 542-570). New York, NY: The Guilford Press.

3 Holmes, J.（2016）。**無知的力量：勇敢面對「無所知，創意由此發生**（謝孟宗，譯）。臺北市：遠流。（原著出版於2015年）

4 Pittampalli, A.（2017）。**接受說服的勇氣：看成功領導人如何改變信念，影響全世界**（簡萓靚，譯）。臺北市：日月文化。（原著出版於2016年）

5 Godsey, M.（2021）。**審判的人性弱點：美國前聯邦檢察官從心理學與政治學角度解讀**

冤案成因看成功領導人如何改變信念，影響全世界（堯嘉寧，譯）。臺北市：商周。（原著出版於 2017 年）

6 領導人可能會犯的最大錯誤。哈佛商業評論中文網站，2020 年 1 月 9 日。https://www.hbrtaiwan.com/article_content_AR0006757.html

7 Kaplan, S. R.（2014）。**領導最好的自己：成就自我理想與夢想的職涯旅圖**（胡琦君、申文怡，譯）。臺北市：遠見天下文化。（原著出版於 2013 年）

8 方素惠（2010）。專訪高階主管教練葛史密斯：改變對自己的定義。**EMBA 世界經理文摘**，290，22-29。

9 方素惠（2012）。上一堂世界級教練的領導課。EMBA 世界經理文摘，第 309 期。https://magazine.chinatimes.com/emba/20120507003123-300216

10 Goldsmith, M.（2015）。**練習改變：和財星五百大 CEO 一起學習行爲改變**（廖建容，譯）。臺北市：長河顧問公司。（原著出版於 2015 年）

11 EMBA 雜誌編輯部（2018）。專注於你能改變的事。EMBA 世界經理文摘，第 384 期。https://magazine.chinatimes.com/emba/20120507003123-300216

12 Shein, E. H.（2014）。MIT 最打動人心的溝通課：組織心理學大師教你謙遜提問的藝術（徐仕美、鄭煥昇，譯）。臺北市：遠見天下文化。（原著出版於 2013 年）

13 Brafman R. & Brafman O.（2013）。**第一次接觸心理學：決定我們新朋友排行榜的人際互動作用力**（張瓅文，譯）。臺北市：大寫。（原著出版於 2010 年）

14 Kaufman, S. B.（2021）。**巔峰心態：需求層次理論的全新演繹，掌握自我實現的致勝關鍵**（張馨方，譯）。臺北市：馬可孛羅文化。（原著出版於2020年）。面對恐懼量表設計出自第345頁。

15 Kaplan, J. & Marsh, B.（2019）。**幸運的科學：普林斯敦高等研究院「運氣實驗室」爲你解開「幸運」的秘密**（林靜華，譯）。臺北市：平安文化。（原著出版於2018年）。教育工作者定義出自第214頁。

16 Belsky, S.（2013）。**想到就能做到**（楊人凱，譯）。臺北市：大塊文化。（原著出版於2010年）。傑·歐卡拉漢引言出自第241頁。

17 Laszlo, B.（2015）。**Google超級用人學：讓人才創意不絕、企業不斷成長的創新工作守則**（連育德，譯）。臺北市：遠見天下文化。（原著出版於2015年）

18 Kantrowitz, A.（2021）。**永遠都是第一天：五大科技巨擘如何因應變局、不斷創新、維繫霸業**（周慧，譯）。臺北市：遠流。（原著出版於2020年）

19 Buckingham, M.（2014）。**傑出經理人怎麼做**（吳佩玲，譯）。哈佛商業評論繁體中文版。2014年4月1日。（原文" What Great Managers Do" 出版於HBR, March, 2005）
https://www.hbrtaiwan.com/article_content_AR0002777.html

20 Kaplan, J. & Marsh, B.（2019）。**幸運的科學：普林斯敦高等研究院「運氣實驗室」爲你解開「幸運」的秘密**（林靜華，譯）。臺北市：平安文化。（原著出版於2018年）。狄帕克·喬布拉引言出自第314頁。

21 鋼琴家顧爾德（Glenn Gould）的心流照片 http://www.parkinggaragepolitics.com/wp-content/uploads/2013/03/Glenn-Gould-Source-Unknown.jpg

22 Csikszentmihalyi, M.（2016）。**專注的快樂：我們如何投入地活**（陳秀娟，譯）。北京：中信。

23 Csikszentmihalyi, M.（1999）。**創造力**（杜明城，譯）。臺北市：時報文化。（原著出版於 1996 年）

24 Draaisma, D.（2016）。**懷舊製造所：記憶、時間與老去的抒情三重奏**（謝樹寬，譯）。臺北市：漫遊者文化。（原著出版於 2013 年）

25 引自 Vanderkam, L.（2019）。**要忙，就忙得有意義**（林力敏，譯）。臺北市：采實文化。（原著出版於 2018 年）。第 71 頁。Lila Davachi 的 TED 演講 https://www.youtube.com/watch?v=zUqs3y9ucaU

26 Luna, T. & Renninger, L.（2016）。**驚奇的力量：心理學家教你駕馭突發事件，利用驚喜打破單調的生活，點燃創意與生命力**（劉怡伶，譯）。臺北市：漫遊者文化。（原著出版於 2015 年）

27 DeBenedet, A. T.（2019）。**玩樂智能：找回童心輕鬆玩出贏家人生**（林琬淳，譯）。臺北市：本事。（原著出版於 2018 年）

28 Sims, S.（2018）。**舒適圈外的夢想更閃亮：從砌磚工變圓夢大亨的街頭智慧**（鄭煥昇，譯）。臺北市：李茲文化。（原著出版於 2017 年）

29 Handy, C.（2007）。**你拿什麼定義自己：組織大師韓第的生命故事**（唐勤，譯）。臺北市：天下遠見。（原著出版於 2016 年）

30 Scharmer, C. O.（2019）。**U 型理論精要：從「我」到「我們」的系統思考，個人修練、組織轉型的學習之旅**（戴至中，譯）。臺北市：經濟新潮社。（原著出版於 2017 年）。引言出自第 113 至 114 頁。

【第 5 章】激勵是對未來有信心

1 Ament, B.（2015）。**夢想一直都在，等待你重新啟程：走在恐懼與挫折的路上，發現天賦與熱情**（董文琳，譯）。臺北市：天下文化。（原著出版於 2014 年）。騎師的話引自第 26 頁。

2 Cuddy, A.（2016）。**姿勢決定你是誰：哈佛心理學家教你用身體語言把自卑變自信**（何玉美，譯）。臺北市：三采文化。（原著出版於 2015 年）

3 *Carney* D. R., Cuddy A. J., & Yap A. J. (2010). *Power posing: Brief nonverbal displays affect neuroendocrine levels and risk tolerance. Psychological Science, 21*(10), *1363-1368.*

4 *Rhimes*, S.（2018）。**這一年，我只說 YES**（楊沐希，譯）。臺北市：平安文化。（原著出版於 2015 年）。畢業致詞出自第 113 頁。

5 *Tormala*, Z. L., *Jia*, J. S., & *Norton*, M. I. (*2012*). The preference for potential. *Journal of Personality and Social Psychology, 103*(4), *567–583*.

6 Lemov, D., Woolway, E., & Yezzi, K.（2019）。**完美練習：成功解鎖1萬小時魔咒，將技能轉爲本能的學習法則**（陳繪茹，譯）。臺北市：方智。（原著出版於2012年）

7 Ross, T.（2017）。**終結平庸：哈佛最具衝擊性的潛能開發課，創造不被平均值綁架的人生**（聞若婷，譯）。臺北市：先覺。（原著出版於2015年）。引言出自第59頁。

8 Schwartz, B.（2016）。**我們爲何工作**（李芳齡，譯）。臺北市：天下雜誌。（原著出版於2015年）

9 Ross, T. & Ogas, O.（2019）。**黑馬思維：哈佛最推崇的人生計畫，教你成就更好的自己**（林力敏，譯）。臺北市：先覺。（原著出版於2018年）

10 Kaufman, S. B.（2021）。**巔峰心態：需求層次理論的全新演繹，掌握自我實現的致勝關鍵**（張馨方，譯）。臺北市：馬可孛羅文化。（原著出版於2020年）

11 Shenk, J. W.（2015）。**2的力量：探索雙人搭檔的無限創造力**（李芳齡，譯）。臺北市：大塊文化。（原著出版於2014年）。引言出自第385頁。

12 McGrath, R. G.（2015）。**瞬時競爭優勢：快經經濟時代的新常態**（洪慧芳，譯）。臺北市：天下雜誌。（原著出版於2013年）

13 Belsky, S.（2019）。**混亂的中程：創業是1%的創意＋99%的堅持，熬過低谷，趁著巔峰不斷提升，終能完成旅程**（方祖芳，譯）。臺北市：遠流。（原著出版於2018年）

14 Andrew, A.（2010）。**七個禮物**（徐憑，譯）。臺北市：高寶。（原著出版於2005年）

15 Chip, H. & Chip, D.（2019）。**關鍵時刻：創造人生1%的完美瞬間，取代99%的平淡時刻**（王敏雯，譯）。臺北市：時報文化。（原著出版於2017年）

16 Gordon, J.（2015）。**記得你對自己的承諾**（張怡沁，譯）。臺北市：遠見天下文化。（原著出版於 2014 年）

17 Gratton, L. & Scott, A.（2017）。**100 歲的人生戰略**（許恬寧，譯）。臺北市：城邦商業周刊。（原著出版於 2016 年）

18 Conley, C.（2018）。**除了經驗，我們還剩下什麼**（吳慕書，譯）。臺北市：商周。（原著出版於 2017 年）

19 Albert, S.（2014）。**時機問題：頂尖專家教你打開全新視野，學會在對的時間做正確的事**（張家福譯）。臺北市：大塊文化。（原著出版於 2013 年）

20 Smith, R. B.（2015）。**你的價值比你的員工高多少？—頂尖工作者必須面對的 48 個問題**（莊安祺，譯）。臺北市：時報。（原著出版於 2013 年）

21 Dudley, D.（2019）。**發掘你的微細領導力：運用「第一天」模式覺察自身價值，成爲更有分量的人**（鐘玉珏，譯）。臺北市：日月文化。（原著出版於 2018 年）

【第 6 章】激勵是賦予工作意義

1 Barabási, A-L.（2019）。**成功竟然有公式：大數據科學揭露成功的祕訣**（林俊宏，譯）。臺北市：遠見天下文化。（原著出版於 2018 年）

2 Zweig, D.（2015）。**隱系人類：浮誇世界裡的沉默菁英**（高子梅，譯）。臺北市：經濟新潮社。（原著出版於 2014 年）。引言出自第 222 頁。

3 Brooks, D.（2016）。**品格：履歷表與追悼文的抉擇**（廖建容、郭貞伶，譯）。臺北市：遠見天下文化。（原著出版於 2015 年）

4 Brooks, D.（2012）。**社會性動物：愛、性格與成就的來源**（陳筱宛，譯）。臺北市：商周。（原著出版於 2011 年）。引言出自第 438 至 439 頁。

5 Brooks, D.（2020）。**第二座山：當世俗成就不再滿足你，你要如何爲生命找到意義**（廖建容，譯）。臺北市：天下文化。（原著出版於 2019 年）

6 Grusec, J. E., & Redler, E. (1980). Attribution, reinforcement, and altruism: A developmental analysis. *Developmental Psychology*, 16(5), 525-534. 被引用於 Grant, A.（2016）。**反叛：改變世界的力量**（姬健梅，譯）。臺北市：平安文化。（原著出版於 2016 年）

7 Harford, T.（2017）。**不整理的人生魔法**（廖月娟，譯）。臺北市：遠見天下文化。（原著出版於 2016 年）

8 Yokoyama, J. & Michelli, J.（2005）。**賣魚賣到全世界都知道**（祈怡瑋，譯）。臺北市：奧林。（原著出版於 2004 年）

9 Sturt, D. & O.C. Tanner Institute（2015）。**是你讓工作不一樣：創造影響力的 5 個改變配方**（許恬寧，譯）。臺北市：時報文化。（原著出版於 2013 年）

10 Hawkins, D. R.（2012）。**心靈能量：藏在身體裡的大智慧**（蔡孟璇，譯）。臺北市：方智。（原著出版於 1995 年）

11 洪賜銘（2019）。**量子領導—非權威影響力：不動用權威便讓人自願跟隨，喚醒人才天賦，創造團隊奇蹟的秘密**。臺北市：采實文化。

12 Muckingham, M., & Goodall, A.（2019）。**關於工作的9大謊言**（李芳齡，譯）。新北市：星出版。（原著出版於2019年）

13 최인철（2019）。**框架效應：打破自己的認知侷限，看見問題本質，告別慣性偏誤的心理學智慧**（陳品芳，譯）。臺北市：遠流。（原著出版於2016年）

14 Seligman, E. P. M., Reivich, K., Jaycox, L., & Gillham, J.（1999）。**教孩子學習樂觀**（洪蘭，譯）。臺北市：遠流。（原著出版於1995年），與沙克會晤引自第25至26頁。

15 De Angelis, B.（2019）。**靈覺醒：活出生命質感的高振動訊息**（鄭百雅，譯）。臺北市：三采文化。（原著出版於2016年）

16 Little, B.（2017）。**探索人格潛能，看見更真實的自己：哈佛最受歡迎的心理學教授教你提升健康．幸福．成就的關鍵**（蔡孟璇，譯）。臺北市：天下雜誌。（原著出版於2014年）

17 卡爾．梅爾策的感恩，引自 Stulberg, B & Magness, S.（2019）。**一流的人如何保持顛峰**（洪慧芳，譯）。臺北市：天下雜誌。（原著出版於2017年）。第233頁。阿帕拉契山徑2018年最新的紀錄為 Karel Sabbe 所創，41天7小時39分鐘。

18 DeSteno, D.（2018）。**情緒致勝：感激、同理與自豪**（朱崇旻，譯）。臺北市：究竟。（原著出版於2018年）

【第7章】激勵是喚起感恩的心

1 Grant, A. & Dutton, J. (2012). Beneficiary or benefactor: Are people more prosocial when they reflect on receiving or giving. Psychological Science, 23, 1033-1039.

2 Grant, A. M.（2014）。**給予：華頓商學院最啟發人心的一堂課**（汪芃，譯）。臺北市：平安文化。（原著出版於2012年）

3 Lanaj, H., Foulk, T. A., & Erez, A.（2018）。**讓領導人愈省思愈積極**（侯秀琴，譯）。哈佛商業評論繁體中文數位版。2018年10月29日。（原文"How Self-Reflection Can Help Leaders Stay Motivated"）https://www.hbrtaiwan.com/article_content_AR0008402.html

4 Bormans, L.（2012）。**和全世界一起幸福**（姚怡平，譯）。臺北市：橡實文化。（原著出版於2010年）。幸福食譜出自第35頁。

5 Dispenza, J.（2019）。**啟動你的內在療癒力：創造自己的人生奇蹟**（柯宗佑，譯）。臺北市：遠流。（原著出版於2014年）

6 Burchard, B.（2016）。**自由革命：你要被現實征服，或是活出自我？**（威治、朱詩迪，譯）。臺北市：商周。（原著出版於2014年）

7 Chamorro-Premuzic, T.（2018）。**一流企業都在用的人才策略：心理學 大數據，你也能找到、留住人人都想搶的高績效人才**（張家綺，譯）。臺北市：三采文化。（原著出版於2017年）

8 Kaufman, S.（2016）。**凝視優雅：細說端詳優雅的美好本質、姿態與日常**（張家綺，譯）。

新北市：奇光。（原著出版於 2016 年）

9 Achor, S.（2019）。**共好與同贏：哈佛快樂專家教你把個人潛力變成集體能力，擴散成功與快樂的感染力**（歐陽端端，譯）。臺北市：時報文化。（原著出版於 2018 年）

10 魔術強生小時候打球的故事，取自 Novak, D.（2014）。**帶誰都能帶到心坎裡：40000 個店長都是這樣升上來**（楊幼蘭，譯）。臺北市：天下雜誌。（原著出版於 2012 年）。第 276 頁。

11 Muller, J. Z.（2019）。**失控的數據：數字管理的誤用與濫用，如何影響我們的生活與工作，甚至引發災難**（張國儀，譯）。臺北市：遠流。（原著出版於 2018 年）

12 Avolio, B. J. & Luthans, F.（2006）。**眞誠領導發展與實踐**（袁世珮，譯）。臺北市：麥格羅希爾。（原著出版於 2006 年）

13 Murphy-Shigematsu, S.（2020）。**驅動自己，也激勵別人：史丹佛醫學院最熱門的人心領導課**（林佳祥，譯）。臺北市：先覺。（原著出版於 2019 年）

14 Bargh, J.（2018）。**爲什麼我們會這麼想、那樣做？耶魯心理學權威揭開你不能不知道的「無意識」法則**（趙丕慧，譯）。臺北市：平安文化。（原著出版於 2017 年）

15 方素惠（2014）。做到。ＥＭＢＡ世界經理文摘第 331 期。http://www.emba.com.tw/ad/ce0348f4e03a4d7ebde4644549eba762

16 André, C.（2015）。**記得要快樂：A 到 Z 的法式幸福**（慕百合，譯）。臺北市：心靈工坊文化。（原著出版於 2014 年）。引言出自第 413 頁。

17 Buckingham, M. & Clifton, D. O.（2011）。**發現我的天才**（蔡文英，譯）。臺北市：城邦商業週刊。（原著出版於 2001 年）

18 Einstein, A.（2016）。**愛因斯坦自選集：對於這個世界，我這樣想**（郭兆林、周念縈，譯）。臺北市：麥田。（原著出版於 1954 年）

19 Calaprice, A.（2004）。**親愛的愛因斯坦教授：小朋友寫給大科學家的信**（楊小慧，譯）。臺北市：三言社。（原著出版於 2002 年）。信件見第87頁，手稿資料見161頁。

20 Koch, R.（2014）。**其實工作不必這麼累：《80/20法則》作者教你投入更少，成效更好**（李芳齡，譯）。臺北市：天下雜誌。（原著出版於 2013 年）

21 James, A.（2018）。**衝浪板上的哲學家：從現象學、存在主義到休閒資本主義**（邱振訓，譯）。新北市：立緒文化。（原著出版於 2017 年）

22 Sinoway, E. C. & Meadow, M.（2013）。**做自己生命的主人：哈佛大師教我的幸福人生管理學**（連育德，譯）。臺北市：遠見天下文化。（原著出版於 2012 年）

23 Bennis, W. & Tichy. N. M.（2008）。**做對決斷**（羅耀宗、廖建容，譯）。臺北市：天下遠見。（原著出版於 2007 年）

24 Verganti, R.（2019）。**追尋意義：開啟創新的下一個階段**（吳振陽，譯）。臺北市：行人文化實驗室。（原著出版於 2016 年）

25 Sigal Barsade “All You Need is Love... At Work?” https://www.youtube.com/watch?v=sKNTyGW3o7E

【附錄】激勵工具箱

1 Hogshead, S.（2015）。**你的專屬魅力說明書：應用天生性格，定義自己的最佳溝通角色**（何玉方，譯）。臺北市：大雁文化。（原著出版於 2014 年）

2 Lowe, T.（2006）。**人人都有超級馬力：善用激勵 DNA，就不可能會有懶員工、壞孩子、討厭的自己**（王怡文、莊安祺、謝綺蓉，譯）。臺北市：時報文化。（原著出版於 2009 年）

3 Rubin, G.（2018）。**理想生活的起點：善用四種天生傾向，改變習慣與人際關係，讓日子越過越輕鬆**（張瓅文，譯）。臺北市：商周。（原著出版於 2017 年）

4 Chapman, G. & White, P.（2014）。**從讚賞開始，改變你的職場關係**（俞一菱，譯）。新北市：校園書局。（原著出版於 2011 年）

5 Brackett, M.（2020）。**情緒解鎖：讓感受自由，釋放關係、學習與自在生活的能量**（朱靜女，譯）。臺北市：天下雜誌。（原著出版於 2019 年）

帶心術：超級領導者必學的團隊激勵升級密技

作　　者　吳斯茜
責任編輯　陳姿穎
內頁設計　江麗姿
封面設計　任宥騰

行銷企劃　辛政遠、楊惠潔
總 編 輯　姚蜀芸
副 社 長　黃錫鉉
總 經 理　吳濱伶

發 行 人　何飛鵬
出　　版　創意市集

發　　行　英屬蓋曼群島商
家庭傳媒股份有限公司城邦分公司
歡迎光臨城邦讀書花園
網址www.cite.com.tw

香港發行所　城邦（香港）出版集團有限公司
香港灣仔駱克道193號東超商業中心1樓
電話：(852) 25086231
傳真：(852) 25789337
E-mail：hkcite@biznetvigator.com

馬新發行所　城邦（馬新）出版集團Cite (M) Sdn Bhd
41, Jalan Radin Anum, Bandar Baru
Sri Petaling, 57000 Kuala Lumpur,
Malaysia.
電話：(603) 90563833
傳真：(603) 90576622
E-mail：services@cite.my

展售門市　台北市民生東路二段141號7樓
製版印刷　凱林彩印股份有限公司
初版一刷　2022年10月
I S B N　978-626-7149-13-3
定　　價　380元

若書籍外觀有破損、缺頁、裝訂錯誤等不完整現象，想要換書、退書，或您有大量購書的需求服務，都請與客服中心聯繫。

客戶服務中心
地址：10483台北市中山區民生東路二段141號B1
服務電話：（02）2500-7718、（02）2500-7719
服務時間：周一至周五 9：30～18：00
24小時傳真專線：（02）2500-1990～3
E-mail：service@readingclub.com.tw

國家圖書館出版品預行編目 (CIP) 資料

帶心術：超級領導者必學的團隊激勵升級密技/吳斯茜著. -- 初版. -- 臺北市：創意市集出版：英屬蓋曼群島商家庭傳媒股份有限公司城邦分公司發行, 2022.10
　面；　公分

ISBN 978-626-7149-13-3(平裝)

1.CST: 領導者 2.CST: 領導理論 3.CST: 組織管理

494.2　　111010604